高职高专计算机任务驱动模式教材

软件工程（第2版）

吴文国　编　著

U0341399

清华大学出版社

北京

内　容　简　介

本书从实用、够用的角度出发，以学生信息管理系统为主线，采用任务驱动案例教学的方式，详细讲述了软件工程的基本原理、概念、技术和方法。本书共9个项目，内容包括：项目的市场调研、需求分析、软件项目的总体设计、软件项目的详细设计、软件项目的实现、软件项目的测试、软件维护、软件项目的管理、软件项目的开发总结。

本书适合计算机专业的本科生、专科生和专升本学生作为教材使用，也适合从事研发工作的软件工作者和广大计算机用户参考或自学使用。

图书在版编目(CIP)数据

软件工程/吴文国编著.—2版.—北京：清华大学出版社，2017　(2018.8重印)
（高职高专计算机任务驱动模式教材）
ISBN 978-7-302-47303-9

Ⅰ.①软…　Ⅱ.①吴…　Ⅲ.①软件工程－高等职业教育－教材　Ⅳ.①TP311.5

中国版本图书馆 CIP 数据核字(2017)第 124427 号

责任编辑：张龙卿
封面设计：徐日强
责任校对：刘　静
责任印制：刘海龙

出版发行：清华大学出版社
　　　　　网　　　址：http://www.tup.com.cn，http://www.wqbook.com
　　　　　地　　　址：北京清华大学学研大厦 A 座　　　　　邮　　编：100084
　　　　　社 总 机：010-62770175　　　　　　　　　　　　　邮　　购：010-62786544
　　　　　投稿与读者服务：010-62776969，c-service@tup.tsinghua.edu.cn
　　　　　质量反馈：010-62772015，zhiliang@tup.tsinghua.edu.cn
　　　　　课件下载：http://www.tup.com.cn，010-62770175-4278
印 装 者：北京泽宇印刷有限公司
经　　销：全国新华书店
开　　本：185mm×260mm　　　印　　张：11.25　　　字　　数：270 千字
版　　次：2009 年 8 月第 1 版　2017 年 6 月第 2 版　　印　　次：2018年8月第2次印刷
定　　价：29.00 元

产品编号：070951-01

编审委员会

出版说明

我国高职高专教育经过十几年的发展，已经转向深度教学改革阶段。教育部于 2006 年 12 月发布了教高〔2006〕第 16 号文件《关于全面提高高等职业教育教学质量的若干意见》，大力推行工学结合，突出实践能力培养，全面提高高职高专教学质量。

清华大学出版社作为国内大学出版社的领跑者，为了进一步推动高职高专计算机专业教材的建设工作，适应高职高专院校计算机类人才培养的发展趋势，根据教高〔2006〕第 16 号文件的精神，2007 年秋季开始了切合新一轮教学改革的教材建设工作。该系列教材一经推出，就得到了很多高职院校的认可和选用，其中部分书籍的销售量已超过 3 万册。现重新组织优秀作者对部分图书进行改版，并增加了一些新的图书品种。

目前国内高职高专院校计算机网络与软件专业的教材品种繁多，但符合国家计算机网络与软件技术专业领域技能型紧缺人才培养培训方案，并符合企业的实际需要，能够自成体系的教材还不多。

我们组织国内对计算机网络和软件人才培养模式有研究并且有过一段实践经验的高职高专院校，进行了较长时间的研讨和调研，遴选出一批富有工程实践经验和教学经验的双师型教师，合力编写了这套适用于高职高专计算机网络、软件专业的教材。

本套教材的编写方法是以任务驱动、案例教学为核心，以项目开发为主线。我们研究分析了国内外先进职业教育的培训模式、教学方法和教材特色，消化吸收优秀的经验和成果。以培养技术应用型人才为目标，以企业对人才的需要为依据，把软件工程和项目管理的思想完全融入教材体系，将基本技能培养和主流技术相结合，课程设置中重点突出、主辅分明、结构合理、衔接紧凑。教材侧重培养学生的实战操作能力，学、思、练相结合，旨在通过项目实践，增强学生的职业能力，使知识从书本中释放并转化为专业技能。

一、教材编写思想

本套教材以案例为中心，以技能培养为目标，围绕开发项目所用到的知识点进行讲解，对某些知识点附上相关的例题，以帮助读者理解，进而将知识转变为技能。

考虑到是以"项目设计"为核心组织教学,所以在每一学期配有相应的实训课程及项目开发手册,要求学生在教师的指导下,能整合本学期所学的知识内容,相互协作,综合应用该学期的知识进行项目开发。同时,在教材中采用了大量的案例,这些案例紧密地结合教材中的各个知识点,循序渐进,由浅入深,在整体上体现了内容主导、实例解析、以点带面的模式,配合课程后期以项目设计贯穿教学内容的教学模式。

软件开发技术具有种类繁多、更新速度快的特点。本套教材在介绍软件开发主流技术的同时,帮助学生建立软件相关技术的横向及纵向的关系,培养学生综合应用所学知识的能力。

二、丛书特色

本系列教材体现目前工学结合的教改思想,充分结合教改现状,突出项目面向教学和任务驱动模式教学改革成果,打造立体化精品教材。

(1) 参照和吸纳国内外优秀计算机网络、软件专业教材的编写思想,采用本土化的实际项目或者任务,以保证其有更强的实用性,并与理论内容有很强的关联性。

(2) 准确把握高职高专软件专业人才的培养目标和特点。

(3) 充分调查研究国内软件企业,确定了基于Java和.NET的两个主流技术路线,再将其组合成相应的课程链。

(4) 教材通过一个个的教学任务或者教学项目,在做中学,在学中做,以及边学边做,重点突出技能培养。在突出技能培养的同时,还介绍解决思路和方法,培养学生未来在就业岗位上的终身学习能力。

(5) 借鉴或采用项目驱动的教学方法和考核制度,突出计算机网络、软件人才培训的先进性、工具性、实践性和应用性。

(6) 以案例为中心,以能力培养为目标,并以实际工作的例子引入概念,符合学生的认知规律。语言简洁明了、清晰易懂,更具人性化。

(7) 符合国家计算机网络、软件人才的培养目标;采用引入知识点、讲述知识点、强化知识点、应用知识点、综合知识点的模式,由浅入深地展开对技术内容的讲述。

(8) 为了便于教师授课和学生学习,清华大学出版社正在建设本套教材的教学服务资源。在清华大学出版社网站(www.tup.com.cn)免费提供教材的电子课件、案例库等资源。

高职高专教育正处于新一轮教学深度改革时期,从专业设置、课程体系建设到教材建设,依然是新课题。希望各高职高专院校在教学实践中积极提出意见和建议,并及时反馈给我们。清华大学出版社将对已出版的教材不断地修订、完善,提高教材质量,完善教材服务体系,为我国的高职高专教育继续出版优秀的高质量的教材。

清华大学出版社
高职高专计算机任务驱动模式教材编审委员会
2016 年 3 月

前　言

自 20 世纪 40 年代中期现代计算机诞生以来,作为现代计算机"灵魂"的计算机软件经历了程序设计、软件设计和软件工程等几个发展阶段,尤其在 20 世纪 60 年代末期提出"软件工程"的概念以来,软件行业经历风风雨雨几十年,各种各样的编程语言、形形色色的开发方法、多如牛毛的软件工具、不计其数的软件应用如雨后春笋般涌现,然而,真正符合培养技能型紧缺人才需要,与现代软件企业开发相适应的教材并不多见。

针对这种情况,编者结合多年来从事软件开发的体会以及计算机教学的丰富经验,对软件人才培养模式进行了较长时间的分析和调研,遴选出一批富有工程实践经验和教学经验的双师型教师,合力编写了这本适用于高职高专乃至大学本科院校的教材。

本教材的编写是以任务驱动案例教学为核心,以学生信息管理系统这个项目开发为主线。在充分研究分析国内外先进职业教育的培训模式、教学方法和教材特色的基础上,消化吸收了优秀的教学经验和成果。以培养技能型人才为目标,以企业对人才的需要为依据,把软件工程和项目管理的思想完全融入教材体系中,将基本技能培养和主流技术相结合,课程的内容设置重点突出、主辅分明、结构合理、衔接紧凑。本教材侧重培养学生的实战操作能力,学、思、练相结合,旨在通过项目实践,增强学生的职业能力,使知识从书本中释放并转化为专业技能。

基于以上观点的考虑,教材的编写思想是以学生信息管理系统这个案例为中心,以技能培养为目标,围绕开发项目所用到知识点进行剖析,然后以教师信息管理系统作为实验实训的主要内容,对所学知识点加深巩固,以帮助读者理解,进而将知识转变为技能。

本书结合软件开发的生存周期,循序渐进,由浅入深,在整体上体现了内容主导、实例解析,以点带面的模式,本教材的特点如下:

(1) 参照或吸纳国内外优秀软件专业教材的编写思想。

(2) 准确把握高职高专及应用型本科院校软件专业人才的培养目标和特点。

(3) 充分分析并研究国内软件企业,确定了基于案例教学任务驱动的教学手段。

(4) 借鉴或采用项目驱动的教学方法和考核制度,突出计算机软件人才培养的先进性、工具性、实践性和应用性。

（5）以案例为中心，以能力培养为目标，并以身边的例子引入概念，符合学生的认知规律。语言简洁明了、清晰易懂，更具人性化。

（6）符合国家软件银领人才的培养目标；采用引入知识点、讲述知识点、强化知识点、应用知识点、综合知识点的模式，由浅入深地展开对技术内容的讲述。

本书由吴文国任主编，高晓燕、王英合、陶强、贾春朴、宫泽林任副主编，参加编写工作的还有陈守森、王海霞、顾海燕、邢茹、段鹏、陈涌、李华伟等老师。

编者非常感谢大家对本书的厚爱，为表谢意，书本的参考资料中附有完整的关于"学生信息管理系统"的程序设计源代码。限于作者水平，书中和程序设计上难免有疏漏和不妥之处，敬请广大读者不吝赐教。

编　者

2017 年 1 月

目　录

项目 1　项目的市场调研

【学习目标】
- 软件开发的社会背景。
- 软件开发的相关理论基础。
- 如何进行软件开发前的市场调研。

通过对学生信息管理系统(student information management system,SIMS)的分析,使读者了解软件工程的一些基本概念和常用软件的生存周期,掌握如何进行一个项目开始的市场调研,进行全面的可行性分析,并制订出初步的软件开发计划。

任务 1.1　系统的研发背景

1.1.1　学生信息管理问题的提出

在我国,教育部已将教育信息化列为中长期发展规划,高校作为教学和科研的重要基地,信息化建设理应走在前列。学生管理工作是高校数字化校园建设的重要组成部分,它是衡量学校信息化管理水平的重要依据。学生管理工作是一个系统工程,它贯穿于学生在校学习的整个过程和各个方面。从新生入学开始,到毕业离校,包括学生学籍管理、学生成绩管理、学生在校期间的奖惩情况管理、毕业生的就业指导管理等各个方面,具有工作量大、分类细、项目多和覆盖面广等特点。建设高效而准确的学生信息管理是提高高校办学质量、培养一流人才必不可少的重要手段。随着高校规模的扩大和业务的扩展,传统的管理模式和分段已经远远不能适应新的发展需要。主要体现在以下方面。

1. 易于出错,效率低

在传统的学生学籍管理中往往采用手工填表,这种方式的可靠性不高,因为手工填表一不小心就会造成数据遗漏,同时由于学生的档案、学籍数量繁多,手工处理工作量极大且效率低下,进行数据的维护和检索都非常不便,不能满足日常管理工作的要求。

2. 数据更新不够及时

以前由于没有采用 Web 结构的网络传送方式,所以在数据的更新上,仍采用各系部或各班级将数据上报,并由专门的数据录入人员进行手工录入。这种方式不仅加大了学生信息管理的工作量,而且很容易遗漏信息,并且造成信息的更新不及时。

3. 信息管理规范性不够

由于没有一个完善的系统,学生的相关信息的数据库不够完善,使得对学生的信息管理缺乏规范性。数据分散存放,定义的格式往往会各不相同。如表示姓名的字段在这里取名为"name",到了另一个表中就变成了"xm",这种不一致的数据格式在数据处理时往往需要进行转换,给工作带来很大的不便。数据分散存放,数据之间没有相应的约束与关联,在进行数据维护的时候,必须同时更新所有部门的相关数据,非常烦琐,稍不注意就会引起数据的不一致。学生的相关数据分散在各个不同的部门,存储和管理的方式各不相同。有的是采用管理信息系统,有的采用 Excel 表格,有的仍然是采用卡片表格,很难实现数据共享。

基于以上因素,传统的以手工和纸张对学生信息的管理以及采用用户的单机管理模式已经越来越不能适应高校发展的需要,尤其是随着计算机网络和 Internet 的普及,运用先进的信息管理系统,对信息进行科学化和网络化管理,已经成为高校信息管理系统的发展趋势。

1.1.2　国内外研发现状

目前,国内外各类高校开发应用的学生信息管理系统各式各样,可以按照不同的方式划分。开发方式包括独立开发、委托开发、合作开发、直接购买现成软件等;开发方法分为生命周期法、原型法、面向对象系统法等;结构形式又有浏览器服务器(B/S)和客户服务器(C/S)以及两者结合的结构形式;开发平台又包括 Windows NT、Netware 等,同时系统所采用的前台开发软件和后台数据库管理系统又是各具特色的;系统使用的范围分为单个部门使用、局域网部门间联合使用、整个校园 Intranet 使用以及整个 Internet 使用等。此外按照系统开发主体面向对象又分为通用信息管理系统和针对特定单位的专用信息管理系统。

在信息化社会和知识经济时代,信息化、数字化校园建设是国内外高校的建设热点。在国外,数字化校园建设具有发展早、起点高、投资大和速度快的特点。数字化校园概念最早由美国的麻省理工学院在 20 世纪 70 年代提出,经过多年的努力,已经构建出一个较成熟的数字化校园模型。在欧美,由于政府的强力支持,各学校纷纷对校务管理和教学管理进行了数字化改造。据调查,20 世纪 90 年代以来,西方发达国家大部分名牌高校均已成功地完成了数字化校园建设工作。而国外较关注数字资源的提供,较少强调高度的系统集成,关注学生的活动本身,协同科研,信息管理系统在数字校园中相对弱化。根据国内的实际情况信息管理系统应该是国内数字化校园建设的重点。

在国内,数字化校园建设具有以下几个特点:首先从整体来看,教育信息化仍处于发展阶段。部分高校起步较早,多数高校已有相当基础。如清华大学和北京大学的校园网络化建设是在 20 世纪 90 年代初开始的,经过多年的建设,现已基本建成了以高速校园网为核心,包括以学术研究、网络教学、信息资源、社区服务和办公管理为功能的数字化教育系统。他们也是最早提出建设数字化校园概念的学校之一。全国高校数字化校园建设研讨会一般每年举行一次,会议由全国百余所重点高校为引领,各院校参与度越来越高,覆盖面越来越广,全国很快出现了校园数字化建设的热潮,各高校纷纷成立信息化建设领导小组,设立数字化校园建设项目,在全国各个相关的研讨会上,关于数字化校园建设项目的研讨也更加火热,数字化校园建设已经成为各高校进行信息化建设新的热点。利用计算机对学生信息进行管理,具有人工管理无法比拟的优点,比如:检索迅速、查找方便、可靠性高、存储量大、保密性好、寿命长、成本低等,这些优点能够极大地提高学生信息管理的效率,也是科学化、正规化的体现。因此,开发适应新形势需要的学生信息管理系统是很有必要的。

任务 1.2　系统研发的理论基础

历史上第一个写软件的人是 Ada(Augusta Asa Lovelace)。17 世纪 60 年代,她开天辟地地第一次为 Babbage(Charles Babbage)的分析机(Anlytic Machine)编制程序,其中包括计算三角函数的程序、级数相乘程序、伯努利函数程序等。到了 20 世纪 60 年代,美国大学里开始出现专门教授人们编写软件的专业,并且对该专业毕业的大学生、研究生授予计算机专业的学位。从此,伴随着信息产业技术的迅速发展,软件及相关理论逐步完善和成熟。

1.2.1　软件的定义及其特点

我们在讲解学生信息管理系统的开发过程中,经常说学生信息管理系统就是一个软件,那么什么是软件呢? 它有什么特点呢? 下面我们就对这个问题加以阐述。

1. 软件的定义

对软件的理解有些初学者就会认为它就是程序,实际上这个理解是不完全的。正确的理解是:软件是计算机系统中与硬件相互依存的另一部分,它是包括程序、数据及其相关文档组成的完整集合。可以理解为

软件＝程序＋数据＋文档

* 程序:程序是按事先设计好的功能和性能要求执行的指令序列(或为了解某个特定问题而用程序设计语言描述的适合计算机处理的语句序列)。
* 数据:数据是指程序能正常处理信息的数据结构。
* 文档:文档是与程序运行和维护相关的图文资料。这个文档非常重要,既可用于专业人员和用户之间的通信和交流,又可用于软件开发过程中的管理和运行阶段的维护。

2. 软件的特点

(1) 软件是一种抽象的逻辑实体。人们无法看到其具体形态,只能通过观察、分析、思考、判断等方式去了解它的特性及功能。

(2) 软件是一种通过人们智力活动,把知识与技术转化为信息的一种产品,是在研制、开发中被创造出来的。它不同于传统意义上的硬件制造,它没有明显的制造过程,因此对软件的控制必须立足于软件开发方面。

(3) 在软件的运行和使用期间,没有硬件那样的机器磨损、老化问题。但软件也存在退化问题,也需要维护。

(4) 软件开发和运行受到计算机硬件系统的限制。在软件的开发和运行中必须以硬件提供的条件为基础,有的软件依赖于某种硬件系统,有的依赖于某种操作系统,给软件的使用造成诸多不便。

(5) 软件开发至今尚未摆脱手工开发方式。近年来出现的软件复用技术、自动生成技术和其他一些有效的软件开发工具或软件开发环境,在一定程度上提高了软件的开发效率,但在软件项目中应用还有一定局限性,软件开发仍是一种高强度的脑力工作。

(6) 软件开发是一个复杂的过程。软件的这种复杂性可能来自软件项目本身的实际问

题,也可能来自开发程序逻辑结构的复杂度,因而软件开发中的管理是必不可少的。

(7) 软件开发的成本相当昂贵。软件开发需要投入大量的、高强度的脑力劳动,成本很高,风险非常大。

(8) 相当多的软件开发涉及社会因素。如学生信息管理系统的开发和运行涉及机构、体制和管理方式等各方面的问题。

1.2.2 软件危机

1. 软件危机的定义

软件危机是指在计算机软件的开发和维护过程中所遇到的一系列严重的问题。这些问题包含两个方面:一方面是如何开发软件,以满足不断增长,日趋复杂的需求;另一方面是如何维护数量不断膨胀的软件产品。软件危机有以下一些典型现象。

(1) 对软件开发成本和进度估计常常不准确。开发成本超出预算,实际进度比预定计划一再拖延的现象并不罕见,这种现象大大地降低了软件开发组织的信誉。

(2) 用户对"已完成"系统不满意的现象常常发生。软件开发人员和用户的交流不充分,造成开发人员对用户的要求含混不清、一知半解,仓促编写程序,最终导致产品和用户期望值差距很大。

(3) 软件产品的质量往往不可靠。软件质量的保证技术没有完全应用到软件开发的全过程中,软件产品的质量也就无从保证,常常是缺陷一大堆,补丁一个接一个。

(4) 软件的可维护程度非常低。"可重用软件"仍然是一个遥不可及的目标。

(5) 软件通常没有适当的文档资料。计算机软件不单单是程序,还应该有完整的文档资料。

(6) 软件开发的成本不断提高。随着微电子技术的进步和生产自动化的不断发展,硬件成本在逐渐下降,而软件开发需要大量的人力,软件成本所占比例持续上升。

2. 软件危机产生的原因

通过分析我们认识到,在软件开发和维护过程中存在如此多的严重问题,人们不得不改变早期对软件的看法,越来越多的人认识到那些被认为别人很难看懂,通篇充满了程序技巧和算法的程序不再是优秀的程序,取而代之的是不仅功能正确、性能优良,而且容易看懂、容易使用、容易修改和扩充的程序。

软件危机的产生,一方面是与软件本身的特点有关,另一方面是由于软件开发和维护的方法不规范、不正确造成的,其根本原因是与如下几个根本原因有着密切的关系。

(1) 忽视了软件开发前期的需求分析。许多用户了解自己的工作,但不能正确地从开发的角度描述他们的需求,这要求开发者做大量的深入细致的调查工作,反复与用户交流,才能全面、真实和具体地了解用户的需求。

(2) 开发过程没有统一、规范的方法论的指导,文档资料不齐全,忽视了人与人之间的交流。一个软件从开始计划、定义、开发、使用和维护,直到最终被废弃不用,要经历一个漫长的时期,这个时期一般称为软件的生存周期。这个周期一般包括计划、开发、运行三个时期,每个时期又可分为若干个更小的阶段,包括制订计划、需求分析和定义、软件设计、程序编写、软件测试、运行和维护等几个步骤,编程只是软件开发过程的一个阶段,而在典型的软件开发工程中,编写程序的工作量只占全部开发工作量的 $10\% \sim 30\%$,缺少规范而盲目上阵编写程序是不可取的。

（3）忽视测试阶段的工作，提交给用户的软件质量差。事实上，对于软件来讲，不论采用什么技术和什么方法，软件中仍然会有错，只不过采用新的语言、先进的开发方式、完善的开发过程会减少错误的产生，不可能完全杜绝软件中的错误。这样软件测试工作就显得尤为重要，一般占软件开发总成本的 30%～50%，必须提高认识，端正态度，才能提高软件产品的质量。

（4）轻视软件的维护。在一个软件漫长的维护期中，必须改正软件使用中发现的每一处错误，给用户一个满意的回答。软件维护工作是极其复杂艰巨的，需要花费很大的代价，例如当硬件环境或系统环境改变的时候，必须有相应的修改软件来适应，特别是用户需求的变更，更需要修改软件来适应这些变化。

总之，通过以上分析，仅仅站在软件的宏观层面，纵览软件的前世今生，品析软件行业的是是非非，探讨软件项目的改进建议，预测软件开发的未来发展是远远不够的，我们能够使软件从一门手艺演变成一门真正的工程学科，将对软件行业的发展大有裨益，引入"软件工程"的概念是不可或缺的。

1.2.3　软件工程的提出

在 1968 年的秋季，NATO（北约）的科技委员会召集了近 50 名一流的编程人员、计算机科学家和工业巨头，讨论和制定摆脱"软件危机"的对策。在那次会议上第一次提出了软件工程（Software Engineering）这个概念，到现在走过了近半个世纪的历程，在这漫长的发展过程中，人们对软件危机的表现和原因，经过了不断的实践和总结，总结了按工程化的原则和方法组织软件开发工作，找到了一条解决软件危机的主要出路，软件工程的理论应运而生。

1. 软件工程的定义

简单地说，软件工程是一门研究如何用系统化、规范化、数量化等工程原则和方法去进行指导软件开发和维护的学科。它应用计算机科学、数学及管理科学等原理，借鉴传统工程的原则、方法，创建软件以达到提高质量、降低成本的目的。其计算机科学及数学用于构造模型与算法，工程科学用于制定规范、设计范型和评估成本，管理科学用于计划、资源、质量和成本等管理。

软件工程实际上包括两个方面的内容：软件开发技术和软件项目管理，目前对于软件工程的定义还存在着某些争议。

Fritz Bauer 曾经为软件工程下了如下定义：软件工程是为了经济地获得能够在实际机器上有效运行的可靠软件而建立和使用的一系列完善的工程化原则。

1983 年 IEEE 给出的软件工程定义为：软件工程是开发、运行、维护和修复软件的系统方法，这里所说的系统方法，是把系统化的、规范化的、可度量化的途径应用于软件生存周期中，也就是把工程化应用于软件中。

后来尽管又有一些人提出了许多更为完善的定义，但主要思想都是强调在软件开发过程中需要应用工程化的原则，其具体研究的对象就是软件系统。它包括了三个要素：方法、工具和过程。

2. 软件工程的基本目标

如前所述,软件工程是为了解决或缓解软件危机而提出的。因此,软件工程的目标也正在于此。

- 付出较低的开发成本。
- 实现要求的软件功能。
- 取得较好的软件性能。
- 开发的软件易于维护。
- 需要的维护费用较低。
- 能按时完成开发工作,及时交付使用。

软件工程的目标可概括为:在给定成本、范围、进度的前提下,开发出具有可修改性、有效性、可靠性、可理解性、可维护性、可重用性、可适应性、可移植性、可追踪性和可互操作性并满足用户要求的软件产品。

任务 1.3 制订软件计划

在上面讲述中,我们提出了开发学生信息管理系统的原因,以及要开发系统的理论基础,并认识到:在软件开发的整个生命周期中,第一阶段要制订软件计划,这一阶段首先要进行问题定义,然后分析解决该问题的可行性,项目获准后,还要制订完成任务的计划。

要完成这一阶段的任务,就需要详细的进行学生信息管理系统的市场调研,进行深入细致的可行性研究,只有精心研究,细致运作,制订详细的项目战略规划,项目才能开始,目标才能实现。

1.3.1 问题的定义

1. 问题定义的任务

问题定义阶段在说明软件项目的最基本情况下形成问题定义报告。在此阶段,开发者与用户一起,讨论待开发软件项目的类型、将要开发软件项目的性质、待开发软件项目的目标,待开发软件的大体规模以及开发软件的项目负责人等问题,最后用简洁、明确的语言将上述任务写进报告,并且双方对报告签字认可。

2. 问题定义的内容

问题定义阶段持续的时间一般很短,形成报告文本也相对简单。以下是 SIMS 的问题定义报告的主要内容。

- 项目名称:学生信息管理系统(SIMS)。
- 使用单位或部门:高等院校教务处、学生处。
- 开发单位:软件开发公司。
- 用途和目标:使学生信息管理达到科学化、规范化。
- 类型和规模:新开发的各大院校通用大型软件。
- 开发的起始和交付时间:一年。
- 软件项目可能投入的经费:100 万元。

- 使用和开发单位双方的全称及其盖章。
- 使用和开发单位双方的负责人签字。
- 问题定义报告的行程时间。

1.3.2　可行性研究

1. 可行性研究的主要任务

可行性分析是在明确了问题定义的基础上,对软件项目从技术、经济等方面进行研究和分析,得出项目是否具有可行性结论的过程。可行性研究的任务不是具体解决系统中的问题,而是以最小的代价在尽可能短的时间内确定问题是否值得解决,是否能够解决。

一般来说,可行性研究主要包括经济可行性、技术可行性、管理上的可行性、法律可行性和运行可行性几个方面。

(1) 经济可行性:当前,信息化建设几乎是每个学校实现现代化管理与办公模式所必需的一个大项目,我们开发的学生信息管理系统是学校信息化管理系统的一部分,开发完成后可大大提高教务部门与学生管理部门的工作效率,节省大量的传统的办公用品,方便学生对学校资源的利用。因为学校的信息化建设是学校办公投入的一部分,所以从经费方面有了开发的保障。

(2) 技术可行性:技术上的可行性分析主要分析技术条件能否顺利完成开发工作,硬、软件能否满足开发者的需要等。该管理系统采用了当前新兴的 Browser/Server 模式进行开发,三层的 Browser/Server 体系结构具有许多传统 Client/Server 体系结构不具备的优点,而且又紧密地结合了 Internet/Intranet 技术,是技术发展的大势所趋,它把应用系统带入了一个崭新的发展时代。数据库服务器选用 SQL 数据库,它能够处理大量数据,同时保持数据的完整性并提供许多高级管理功能。它的灵活性、安全性和易用性为数据库编程提供了良好的条件。因此,系统的软件开发平台已成熟可行。硬件方面,科技飞速发展的今天,硬件更新的速度越来越快,容量越来越大,可靠性越来越高,价格越来越低,其硬件平台完全能满足此系统的需要。

(3) 时机可行性:目前,学院的校园网络覆盖了教学区和学生区的主要建筑物及部分家属宿舍,从而满足院校内各学系,各职能部门,各直属单位上网需求,学校良好的网络设施为学院建设"信息化校园"提供了坚实的基础。

(4) 管理上的可行性:主要是管理人员是否支持,现有的管理制度和方法是否科学,规章制度是否齐全,原始数据是否正确等。规章制度和管理方法为系统的建设提供了制度保障。

(5) 法律可行性:分析在系统开发的全部过程中可能出现和涉及的法律问题,如合同、责任、知识产权和专利等问题。要确保新系统的开发不会引起侵权和其他责任问题。

(6) 运行可行性:判断新系统的运行方式是否可行。

在确定问题定义后,系统分析员应该导出系统的逻辑模型,并给出该系统逻辑模型的主要解决方案,系统分析员应对每种解决方案进行认真评估,分析它的经济可行性、技术可行性、法律可行性,以得出"可行或不可行"的判断。如果各种解决方案均无可行性,系统分析员应建议终止项目,以避免造成更大的浪费;如果项目是可行的,系统分析员应向用户和管理部门推荐一个较优的解决方案,并为此方案编制一个粗略的工程计划。

综上所述,此系统开发目标已明确,在技术和经济等方面都可行,并且投入少、见效快。因此,系统的开发是完全可行的。

2. 可行性研究的步骤

可行性研究的步骤从"确定系统的规模和目标"开始,直到提出新系统是否可行及给出推荐方案为止,一般包括以下几个方面。

(1) 确定系统的规模和目标。在问题定义阶段,系统分析员已编写好规格说明书,在规格说明书中提及了初步的系统规模和总体目标。在可行性研究阶段,系统分析员要进一步分析和研究有关材料,对规格说明书进行仔细客观的审查,修改规格说明书中描述不准确的地方,准确地给出系统的所有约束,以保证系统将要解决的问题确实是需要解决的问题。

(2) 分析现有系统,设计新系统的高层系统模型。在设计新系统的高层系统模型前,可以先分析现有系统,概括现有系统的大部分基本功能,再添加用户提出的新功能,从而快速确定新系统的功能。现有系统是将建立的新系统的主要信息来源。系统分析员可以通过阅读现有系统的各种资料和手册以及实地考察等方式,了解现有系统能够完成什么工作、为什么要这样做,并了解和分析现有系统的运行费用等情况,确定新系统的约束条件,系统分析员应在此步骤中提出现有系统的高层系统流程图。

(3) 评审系统模型。由于最初分析员对要解决的问题了解很少,用户对问题的描述、对目标软件的要求也较凌乱、模糊,再加上分析员和用户共同了解的知识领域不多,导致分析员的分析与用户要求有一些差距。新系统的逻辑模型实质上表达了系统分析员对新系统应该完成什么功能的设想,但用户不一定认可。这就需要系统分析员与用户一起以系统模型为基础,对新系统的问题定义、工程规模和系统目标等方面进行认真的复审,不断修改系统模型,直到系统分析员提出的系统模型全部能满足用户提出的系统目标要求。只有通过评审的系统模型才能成为开发新系统的依据。

(4) 设计和评价新系统的实现方案。系统分析员可以从给出的系统模型出发,设计出若干个具有较高层次的物理实现方案供有关人员进行分析比较,并做出选择。这可以从经济可行性、技术可行性、法律可行性及运行可行性等方面进行综合考虑。最后,系统分析员应为每个在技术、运行、法律和经济上均可行的方案制定一个实现系统的粗略的进度表,并估算每个生命周期阶段的工作量。

(5) 制订行动方案。通过上面的工作,系统分析员应给出定论:新系统是否值得开发。如果系统分析员认为新系统值得开发,就选择一个他认为最优的实现方案,并较详细地说明选择它的理由,此外还应对它进行较细致的技术、操作和经济方面的可行性分析,作为提交给决策者的推荐方案。

(6) 拟订开发计划。系统分析员应为推荐的实现方案拟订一份开发计划,给出对各类开发人员和各种资源(包括硬件和软件等)的使用计划,估算出新系统在开发各阶段的开发成本,并详细制定进度表和经费预算表。

(7) 编制可行性报告。最后,系统分析员应将上述各步骤的结果编写成清晰的可行性报告,作为可行性研究阶段的文档,可行性报告的格式大体如下:

1. 引言
    1.1 编写的目的
    1.2 项目背景

1.3 定义
1.4 参考资料
2. 可行性研究的前提

2.1　要求

2.2　目标

2.3　条件、假定和限制

2.4　可行性研究的方法

2.5　决定可行性的主要因素

3. 对现有系统的分析

3.1　处理流程和数据流程

3.2　工作负荷

3.3　费用支出

3.4　人员

3.5　设备

3.6　局限性

4. 所建议系统技术可行性分析

4.1　对系统的简要描述

4.2　处理流程和数据流程

4.3　与现有系统比较的优越性

4.4　采用建议系统可能带来的影响

4.5　技术可行性评价

5. 所建议系统经济可行性分析

5.1　支出

5.2　效益

5.3　收益/投资比

5.4　投资回收周期

5.5　敏感性分析

6. 社会因素可行性分析

6.1　法律因素

6.2　用户使用可行性

7. 其他可供选择的方案

8. 结论意见

1.3.3　系统的开发计划

1. 开发计划主要任务

经分析认为,项目的开发是可行的,接下来的工作就是要制订软件的开发计划。软件的开发计划也称项目实施计划,是一个综合的计划,是软件开发工作的指导性文档,阅读对象是软件开发的主管部门、软件技术人员和用户。它的主要内容包括以下几个方面。

(1) 项目资源计划

软件开发中的资源包括用于支持软件开发的硬件、软件工具以及人力资源。人是软件开发的最重要资源。在安排开发活动时必须考虑人员的情况,如技术水平、数量和专业配置,以及在开发过程中各个阶段对各种人员的需要。通常,项目的管理人员主要负责项目的决策,高级技术人员还要负责设计方面的把关。初级技术人员前期工作不多,具体编码和调试阶段大量的工作主要由初级技术人员完成。

硬件资源主要指运行系统所需要的硬件支持,包括开发阶段使用的计算机和有关外部设备,系统运行阶段所需的计算机和设备。

软件资源则分为支持软件和实用软件两类,支持软件最基本的是操作系统、编译程序和数据库管理系统。因为这是开发人员开发系统所必需的工具。实用软件为促成软件的重复利用,可将一些实用的软件结合到新的开发系统中去,建立可复用的软件部件库,以提高软件的生产率和软件的质量。

(2) 成本预算

成本预算就是要估计总的开发成本,并将总的开发费用合理地分配到开发的各个阶段。

(3) 进度安排

进度安排确定最终的软件交付日期,并在限定的日期内安排和分配工作量。

2．项目开发计划编写提示

编制项目开发计划的目的是用文件的形式，把在开发过程中各项工作的负责人员、开发进度、所需经费预算、所需软件、硬件条件等问题做出的安排记载下来，以便根据计划开展和检查本项目的开发工作。学生信息管理系统的开发计划编写提示如下。

（1）引言

编写目的：说明编写这份项目开发计划的目的。

背景：说明待开发软件系统的名称，本项目的任务提出者、开发者、用户及实现该软件的计算中心。

参考资料：列出所需的参考资料，如果为商业项目，还要列出合同、上级批准文件，本项目中引用的文件、资料，包括软件开发用到的软件开发标准，列出这些资料的标题、文件编号、发表日期和出版单位等。

（2）项目概述

工作内容：简要说明在本项目的开发中需要进行的各项主要工作。

主要参加人员：说明参加本项目开发的主要人员情况。

程序：列出交给用户的程序的名称、所用的编程语言及存储程序的媒体形式，并通过引用有关文件，逐项说明其功能和能力。

文件：列出需移交给用户的每种文件的名称及内容要点。

服务：列出需向用户提供的各项服务，如培训安装、维护和运行支持等。

验收标准：对于上述应交出的产品和服务，逐项说明或引用资料说明验收标准。

完成项目的最迟期限：交付使用的时间。

（3）实施计划

工作任务的分解与人员分工：对于项目开发中需完成的各项工作，从需求分析、设计、实现、测试直接到维护，指明每项任务的负责人和参加人员。

接口人员：说明负责接口工作的人员及其职责。

进度：对于需求分析、设计、编码实现、测试、移交、培训和安装等工作，给出每项工作任务的预定开始日期、完成日期及所需资源，规定各项工作任务完成的先后顺序以及表征每项工作完成的标志性事件。

预算：逐项列出本项目所需要的劳务以及经费的预算和来源。

关键问题：逐项列出能够影响整个项目成败的关键问题、技术难点和风险，指出这些问题对项目的影响。

任务 1.4 实 验 实 训

1．实训目的

（1）培养学生对所要开发项目进行调查研究。

（2）了解软件工程在软件开发过程中的指导作用。

2．实训要求

（1）能深入所在学校的人事管理部门，了解学校管理人员对教师信息的需求。

（2）实训后写出可行性分析报告。

3．实训学时

4 学时。

4．实训项目：教师信息管理系统

（1）到学校人事部门了解所在学校教师信息管理的现状，建议采用软件进行管理，提出帮助开发的意向。

（2）进行可行性研究，写出可行性报告。

（3）制定软件开发的计划书。

小　　结

本项目从学生信息管理系统研发的背景出发，介绍了软件的概念、特点以及软件危机和软件危机产生的原因和应对的方法。引出了软件工程的概念，并且详细介绍了软件工程中的基本原理、目标和准则。接着就学生信息管理系统的开发提出了进行可行性分析的理论内容，包括可行性分析的主要任务、基本的步骤。最后介绍了开发计划主要任务和计划的制订。

习　　题

1．选择题

（1）软件是计算机系统中与硬件相互依存的另一部分，它包括文档、数据和（　　　）。

    A．数据　　　　　　B．软件　　　　　　C．文档　　　　　　D．程序

（2）软件工程是一门研究如何用系统化、（　　　）、数量化等工程原则和方法去进行指导软件开发和维护的学科。

    A．规范化　　　　　B．标准化　　　　　C．抽象化　　　　　D．简单化

（3）软件工程的出现主要是由于（　　　）。

    A．方法学的影响　　　　　　　　　B．软件危机的出现

    C．其他工程学科的发展　　　　　　D．计算机的发展

（4）可行性研究主要包括经济可行性、技术可行性、法律可行性和（　　　）等几个方面。

    A．运行可行性　　　B．条件可行性　　　C．环境可行性　　　D．维护可行性

（5）编制项目开发计划的目的是用文件的形式，把在开发过程中各项工作的负责人员、开发进度、所需经费预算、所需软件、硬件条件等问题做出的安排以（　　　）记载下来。

    A．文件形式　　　　B．文档形式　　　　C．电子档案形式　　D．条文形式

2．填空题

（1）软件工程是＿＿＿＿＿＿、＿＿＿＿＿＿、＿＿＿＿＿＿和修复软件的系统方法，这里所说的系统方法，是把系统化的、规范化的、可度量化的途径应用于软件生存周期中，也就是把工程化应用于软件中。

（2）可行性研究的任务不是具体解决系统中的问题,而是确定问题是否_____、是否_____。

（3）_____,是一个综合的计划,是软件开发工作的指导性文档,阅读对象是软件开发的主管部门、软件技术人员和用户。

3. 思考题

（1）软件危机产生的原因是什么？为何引入软件工程的概念？

（2）可行性研究的主要任务有哪些？

（3）制订项目开发计划的主要任务是什么？

项目 2 需求分析

【学习目标】

- 了解需求分析在软件系统开发过程中的目标和任务,掌握需求分析的过程。
- 掌握结构化分析方法和面向对象的分析方法在需求分析中的应用。
- 掌握统一建模语言(UML)在面向对象方法中的应用。

　　一个项目通过市场调研,进行了深入细致的可行性分析,获准开发后,要想使制订的软件开发计划详细可行,还需要对软件目标及范围求精和细化,解决软件系统必须要做的工作,这就是本项目中所阐述的需求分析。

任务 2.1 需求分析概述

　　需求分析可分为问题识别、分析与综合、编制需求分析文档、需求评审等四个阶段,包括以下几个方面:确定软件所期望的用户类;获取每个用户的需求;了解实际用户任务和目标以及这些任务所支持的业务需求;分析员与用户的信息以区别用户任务需求、功能需求、业务规则、质量属性、建议解决方法和附加信息;将系统级的需求分为几个子系统,并将需求中的一部分分配给软件组件;了解相关质量属性的重要性;讨论得出实施优先级;将所收集的用户需求编写成需求规格说明和模型;评审需求规格说明,确保与用户达成共识。软件需求的各组成部分如图 2-1 所示。

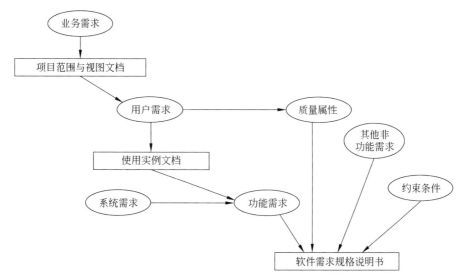

图 2-1　软件需求的各组成部分之间的关系

2.1.1 需求分析的任务

软件需求分析是软件生存期中的重要一步,也是决定性的一步,只有通过软件需求分析,才能把软件总体的功能和性能描述为具体的软件需求规格说明,从而奠定软件开发的基础。

需求分析的任务是理解和表达用户的需求,描述软件的功能和性能,确定软件设计的限制和软件同其他系统元素的接口细节,定义软件的其他有效性需求。

需求分析的任务是借助于当前系统的物理模型(待开发系统的系统元素)导出目标系统的逻辑模型(只描述系统要完成的功能和要处理的数据),解决目标系统"做什么"的问题,所要做的工作是深入描述软件的功能和性能,确定软件设计的限制和软件同其他系统元素的接口细节,定义软件的其他有效性需求,通过逐步细化对软件的要求描述软件要处理的数据,并给软件开发提供一种可以转化为数据设计、结构设计和过程设计的数据与功能表示。必须全面理解用户的各项要求,但不能全盘接受,只能接受合理的要求;对其中模糊的要求要进一步澄清,然后决定是否采纳;对于无法实现的要求要向用户做充分的解释。最后将软件的需求准确地表达出来,形成软件需求说明书 SRS。其实现步骤如图 2-2 所示。

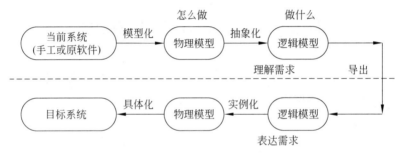

图 2-2 由当前系统建立目标系统模型

(1) 获得当前系统的物理模型:首先分析和理解当前系统是如何运行的,了解当前系统的组织机构、输入/输出、资源利用情况和日常数据处理过程,并用一个具体的模型来反映自己对当前系统的理解。此步骤也可以称为"业务建模",其主要任务是对用户的组织机构或企业进行评估理解其需要及未来系统要解决的问题,然后建立一个业务 USECASE 模型和业务对象模型。当然如果系统相对简单,也没必要大动干戈进行业务建模,只要做一些简单的业务分析即可。

(2) 抽象出当前系统的逻辑模型:在理解当前系统"怎样做"的基础上,抽取出"做什么"的本质。

(3) 建立目标系统的逻辑模型:明确目标系统要"做什么"。

(4) 对逻辑模型的补充,如用户界面、启动和结束、出错处理、系统的输入/输出、系统的性能、其他限制等。

从软件开发的角度看,软件需求主要分为功能需求和非功能需求。功能需求是最主要的需求,规定了系统必须执行的功能,即"做什么"。而非功能需求是对系统的一些限制性要求,例如,性能需求、可靠性需求、安全要求等。

1. 系统的功能需求

学生信息管理系统主要是完成学生信息管理,其功能需求包括以下几个方面:

- 学生基本信息管理,其主要功能是充分利用现有数据,导入招生就业处招生信息系统和教务处成绩管理系统中已有的学生基本数据,对学生自然情况数据进行输入和汇总,生成各种查询、统计报表。
- 学生成绩信息管理,其主要功能是完成教务处学生成绩管理系统的导入工作,生成各种查询、统计报表。
- 学生日常管理项目信息管理,其主要功能是完成对早操锻炼出勤、课堂出勤、请假销假记录、寝室卫生检查评比等基本的学生日常管理业务的输入,生成各种查询、统计报表。
- 学生勤工俭学助学岗位信息管理,其主要功能是完成对学生在校内、校外参加勤工俭学情况输入和汇总,生成各种查询、统计报表。
- 学生奖励项目信息管理,其主要功能是对学生各类获奖情况进行输入和汇总,生成各种查询、统计报表。
- 学生宿舍信息管理,其主要功能是对学生的宿舍信息进行输入和汇总,完成统计、查询功能,生成各种查询、统计报表。
- 党团信息管理,其主要功能是完成对党团员的基本信息和对各个院系组织的党团活动进行录入、修改等功能,生成各种查询、统计报表。
- 学生学费缴纳信息管理,其主要功能是完成财务处学生缴费管理数据的处理工作,生成各种查询、统计报表。
- 学生综合信息发布管理,其主要功能是完成学生所有信息的汇总,通过互联网,生成各种查询报表。

2. 系统的非功能需求

学生信息管理系统的性能需求主要体现在其处理能力的安全性、可靠性、高速性、可扩展性等方面。由于涉及整个学校的学生信息管理,安全性是首要的,同时要保证系统响应要快,并为未来形势发展提供好的可扩展性。

2.1.2　需求分析应注意的问题

前面简要描述了学生信息管理系统的功能描述和性能分析,实际上需求分析阶段还应该注意如下几个方面的问题。

1. 确定目标系统的具体要求

(1) 系统运行的环境要求。

(2) 系统运行时的硬件环境需求:如外存储器种类、数据输入方式、数据通信接口等;软件环境要求,如操作系统、数据库管理系统等。

(3) 系统的功能要求:确定目标系统必须具备的所有功能,系统功能的限制条件和设计约束。

(4) 系统的性能要求:确定系统所需的存储容量、安全性、可靠性、期望的响应时间等。

(5) 系统的接口要求:描述系统与其环境的通信格式,如人—机接口要求、硬件接口要求、软件接口要求、通信接口要求。

2. 分析系统的数据要求

数据分析是系统分析的基础,通过对数据的分析可以了解数据在系统中的流动情况,了解系统"做什么"的问题。

软件系统本质上是一个信息处理系统,系统必须处理的信息和系统应该产生的信息在很大程度上决定了系统的面貌。因此,必须分析系统的数据要求,这是软件分析的一个重要任务。

3. 建立目标系统的逻辑模型

模型是形成需求说明的重要工具,通过模型可能更清楚地记录用户对需求的表达,更方便与用户交流,以便帮助分析人员发现用户需求中的不一致性,排除不合理的部分,挖掘潜在的用户需求,确定系统的运行环境、功能和性能要求。通常软件开发项目是要实现目标系统的物理模型。

需求分析的任务就是借助当前系统的逻辑模型导出目标系统的逻辑模型,解决目标系统"做什么"的问题,通常系统的逻辑模型包括数据流图、实体联系图、状态转换图、数据词典和主要功能的处理算法等。

4. 修正系统开发计划

在软件的可行性研究中就已制订了系统开发计划,但由于此时对系统的认识还不够准确和完整,通过需求分析,可能对系统有更一步的了解,比较准确地估计系统的成本和开发进度,更合理地配置人员等资源,修正以前制订的开发计划。

2.1.3　需求分析的原则

为使需求分析科学化,对软件工程的分析阶段提出了许多需求分析方法,每一种方法都有独特的观点和表示法,但大多使用下面的原则。

1. 解决逻辑问题

系统分析是对问题的识别和说明的过程,分析员要回答的问题是"系统必须做什么"的问题,而不是"系统应该怎么做的问题"。需求分析的基本原则是给出完成的功能和处理的信息,而不必考虑实现的细节,即需求分析工作集中在系统应当具有什么功能上,而不是在怎样实现这些功能上。

2. 环境为基础

需求分析工作应以具体的运行环境为基础。尽量保持原有系统的可持续性,重用已有软件组件,从现有系统环境中获取数据,避免资源的浪费和数据重复输入等问题。

3. 用户参与的原则

需求分析工作是系统分析人员同用户不断交互的过程,要树立用户是上帝的原则,尊重用户的意见和选择,并与开发人员对需求和产品实施提出建议和解决方案。

4. 构建高质量的需求规格说明

需求规格说明是需求分析工作最重要的完成标志。在生成规格说明的有关文档的过程中,分析人员应当严格遵循既定规范,做到内容全面、结构清晰、格式严谨。

2.1.4　需求分析的过程

需求分析阶段的工作可以分成4个方面:对问题的识别、对问题的分析与综合、编制需求分析文档和需求分析评审。

1. 对问题的识别

首先系统分析员要研究可行性分析报告和软件项目实施计划,主要是从系统的角度来理解软件,并评审用于产生计划估算的软件范围是否恰当,确定对目标系统的综合要求,即软件的需求,并提出这些需求的实现条件,以及需求应达到的标准。也就是解决要被开发的软件用来做什么,做到什么程度。这些需求包括以下方面。

(1)功能需求:列举出目标软件在功能上应做什么,这是最主要的需求。

(2)性能需求:给出目标软件的技术性能指标,包括存储容量限制、运行时间限制。

(3)环境要求:这是对目标系统运行时所需软件、硬件环境的要求。

(4)可靠性需求:各种软件在运行时失效的影响各不相同。在需求分析时应对目标软件在投入运行后不发生故障的概率按实际的运行环境提出要求。对于重要软件,或是运行失效会造成严重后果的软件,应提出较高的可靠性要求,以期在开发的过程中采取必要的措施,使软件产品能够相当可靠地稳定运行。

(5)安全保密要求:应当对安全保密方面的要求恰当地做出规定,以便对被开发的软件进行特殊的设计,使其在运行中其安全保密方面的要求得到必要的保证。

(6)用户界面需求:软件用户界面的友好性是用户能够方便、有效、愉快地使用该软件的关键之一。具有友好用户界面的软件容易得到用户的认可,有很强的竞争力。

(7)资源使用需求:这是指目标软件运行时所需的数据、软件、内存空间等各项资源。

(8)软件成本消耗与开发进度需求:在软件项目立项后,要根据合同规定,对软件开发的进度和各步骤的费用提出要求,作为开发管理的依据。预计系统可达到的目标。

另外,还要建立从事分析所需要的通信途径,以保证能顺利地对问题进行分析。分析所需要的通信途径如图 2-3 所示。

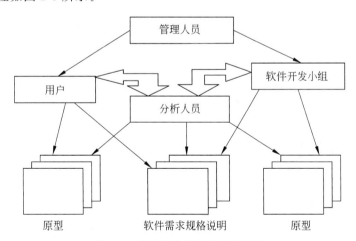

图 2-3　软件需求分析的通信途径

分析员必须与用户、软件开发机构的管理人员、软件开发组的人员建立联系。项目负责人在此过程中起协调人的作用。分析人员通过这种通信途径与各方沟通,以便能按照用户的要求去识别问题的基本内容。

2. 对问题的分析与综合

对问题的分析和方案的综合是需求分析的第二方面的工作。分析员必须从信息流和信息结构出发,逐步细化所有的软件功能,找出系统各元素之间的联系、接口特性和设计上的约束,分析它们是否满足功能要求,是否合理。依据功能需求、性能需求、运行环境需求等,剔除不合理的部分,增加需要的部分最终综合成系统的解决方案,给出目标系统的详细逻辑模型。在这一步骤中,分析和综合工作反复地进行。在对现行问题和期望的信息(输入和输出)进行分析的基础上,分析员综合出一个或几个解决方案,然后检查这些方案是否符合软件计划中规定的范围等,再进行修改。总之,对问题进行分析和综合的过程将一直持续到分析人员与用户双方都感到有把握正确地制定该软件的需求规格说明为止。

3. 编制需求分析文档

已经确定下来的需求应当用比较形式化的语言清晰准确地描述出来,通常把描述需求的文档叫作软件需求说明书(software requirement specification,SRS)。软件需求说明书是软件开发过程中的一份关键性技术文档,具有如下重要作用:

(1) 作为软件人员和用户之间事实上的技术合同说明。

(2) 作为软件人员下一步进行设计和编码的基础。

(3) 作为测试和验收的依据。

为了确切表达用户对软件的输入/输出要求,同时还需要制定数据要求说明书及编写初步的用户手册,以反映目标软件的用户界面和用户使用的具体要求。此外,依据在需求分析阶段对系统的进一步分析,从目标系统的精细模型出发,可以更准确地估计被开发项目的成本与进度,从而修改、完善与确定软件开发实施计划。

4. 需求分析评审

作为需求分析阶段工作的复查手段,需求分析评审应该对功能的正确性、完整性和清晰性,以及其他需求给予评价。如果在评审过程中发现说明书存在错误或缺陷,应及时进行更改或弥补,并再次评审。

任务 2.2　需求分析的方法

2.2.1　结构化分析方法

结构化分析方法(structured analysis,SA)是一种面向数据流的需求分析方法。这种方法通常与设计阶段的结构化设计衔接起来使用。SA方法以数据流分析作为需求分析的出发点,任何信息处理过程均看成将输入数据变换成所要求的输出信息的装置。SA方法的基本思想是"自顶向下逐步分解",使用"分解"和"抽象"两种基本手段来控制工程的复杂性。为了将复杂性降低到我们可以掌握的程度,可以把大问题分割成若干个小问题,然后分别解决,这就是"分解"。分解也可以分层进行,即先考虑问题最本质的属性,暂时把细节略去,以后再逐层添加细节,直至涉及最详细的内容,这就是"抽象"。

结构化分析方法主要是利用数据流图(DFD)、数据字典(DD)和加工说明(PSPEC)等来描述系统的功能模型。其主要步骤是:自顶向下对系统进行功能分解,画出分层DFD图;

由后向前定义系统的数据和加工,编制 DD 和 PSPEC,最后写出 SRS。

1. 画分层数据流图

结构化分析方法的基本思想是"自顶向下,逐步细化",即从系统的基本模型(系统的顶层数据流图)开始,逐层地对系统进行分解。随着这个过程的不断进行,系统的加工数量越来越多,每个加工的功能也越来越具体,直到所有的加工都足够简单,不必再分解为止。通过这种分解,将得到一组分层数据流图,作为需求分析说明书的重要组成部分。具体过程如下。

（1）画顶层数据流图

画系统分层数据流图的第一步是画出顶层图。通常把整个系统当作一个大的加工,标出系统的输入、输出及数据的源点与汇点。根据题目要求,可画出系统的顶层 DFD,如图 2-4 所示。图 2-4 表明,系统从教务员处接收数据(包括查询数据、编辑数据和统计数据),经处理后把结果(包括统计报表和查询结果)返回给教务员。

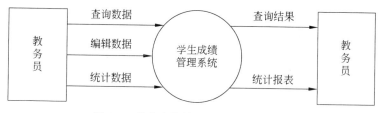

图 2-4　学生成绩管理系统的顶层 DFD

（2）画第二层数据流图

将图 2-4 中"学生成绩管理系统"这个大的加工分解成 3 个较小的加工,即查询、编辑和统计,并对每个加工进行编号,如图 2-5 所示。图中的查询"子加工"从教务员处接收数据,处理后把查询结果返回给教务员,进行查询处理时要从学生档案库中读取数据;编辑"子加工"从学生档案库中读取数据,同时从教务员处接收编辑数据,并把编辑后的数据重新写回到学生档案库中;统计"子加工"从教务员处接收统计数据,处理后把统计报表返回给教务员。

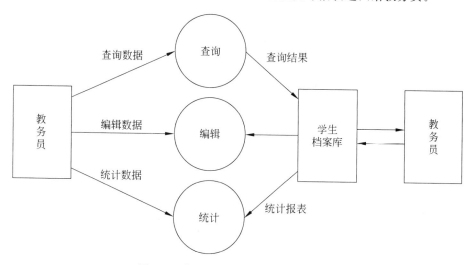

图 2-5　学生成绩管理系统的分层 DFD

（3）画第三层数据流图

只有明确了功能,精确地描绘了各个数据流才可认为分析工作结束。一般情况下,第二层数据流图中的加工细节还不够清晰,需要把每个加工继续分解成更小的加工。可将图 2-5 中的 3 个加工分解成如图 2-6～图 2-8 所示的第三层数据流图,并分别标上编号。

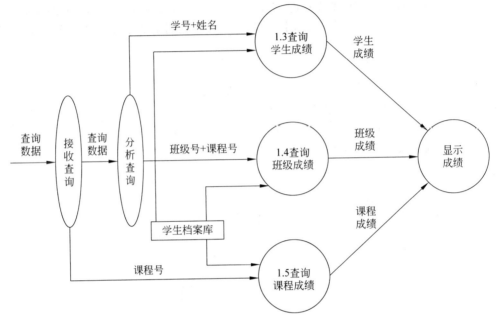

图 2-6　查询细化 DFD

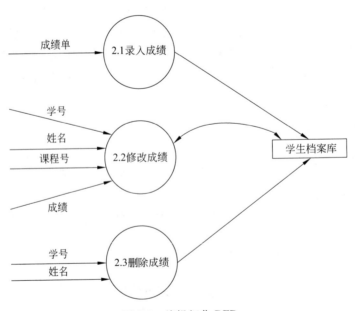

图 2-7　编辑细化 DFD

如果加工细节还不够清晰,可以根据实际需要,把每个加工继续分解成更小的加工,如第四层、第五层等,否则就可以结束分解。

20

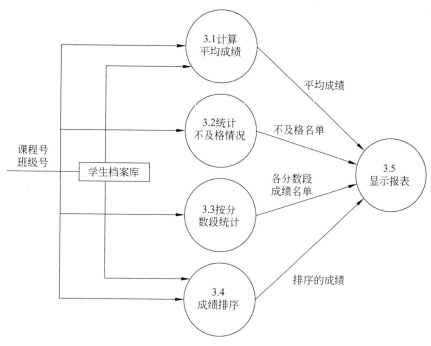

图 2-8   统计细化 DFD

采用分层数据流图有许多优点,首先,它便于实现。采用逐步细化的分层方法,可以避免一次引入过多的细节,有利于控制问题的复杂度。其次,便于以后的使用。用一组图代替一张总图,使用户中的不同业务人员可各自选择与自己有关的图形,而不必阅读全图。

(4) 确定数据定义与加工策略

分层数据流图为整个系统描绘了一个概貌,接下来就要考虑系统的一些细节。对数据流图中的每个名字都要进行严格的定义,达成共识,这是之后软件设计的基础。数据流图提供了软件结构设计方面的依据,而数据流图上的数据及数据存储提供了程序数据结构定义方面的依据,数据流和数据存储的定义构成数据字典,它描述每个数据流和数据存储的组成元素及含义。

一般从最底层数据流图中的数据终点开始分析系统的全部数据和加工,因为终点的数据代表系统的输出,其要求一般是明确的。从这里开始,沿着数据流图一步步向数据源点回溯,可以较容易地弄清楚数据流中每个数据的来龙去脉,有利于减少错误和遗漏。

① 数据流的定义,本例中的平均成绩数据流可如下定义。

数据流名:平均成绩

编号:031

别名:无

组成:班级名、课程名、平均成绩

来源:加工 3.1

去处:教务员

简要说明:表明某班某科课程成绩的平均值,系统中的其他数据流可类似进行定义。

② 数据存储的定义,本例中的学生成绩档案数据存储可如下定义。

数据存储名:学生成绩档案

编号:01

别名:无

记录组成:班级名、学期编号、学号、姓名、英语、软件工程、数据结构、操作系统、思想品德修养

由谁建立或修改:加工 2.1、加工 2.3

由谁使用:加工 1.3、加工 1.4、加工 1.5、加工 2.2、加工 3.1、加工 3.2、加工 3.3、加工 3.4

简要说明:(略)

③ 加工说明如下。

加工说明是对数据流图中每个加工所进行的说明。由输入数据、加工逻辑和输出数据等部分组成。加工逻辑阐明输入数据转换为输出数据的策略,明确该加工"做什么",而不去管"怎么做",它是加工说明的主体。加工说明通常用结构化语言作为描述工具。

结构化语言是一种介于自然语言和程序设计语言之间的语言,既具有结构化程序的清晰易读的优点,又具有自然语言的灵活性,不受程序设计语言严格的语法约束。

如对"加工 3.3"可用结构化语言描述如下:

```
接受用户输入的班级号和课程号
打开学生档案库
DO WHILE   <文件未结束>
      统计每个分数段的成绩及名单
END   DO
关闭学生档案库
将统计数据输送给加工 3.4 显示
```

其他逻辑加工可类似地进行描述。

2.2.2　面向对象的分析方法

面向对象分析的目标是完成对所需求解问题的分析,确定待建的系统所要做的工作,定义所有与待解决问题相关的类,并建立系统的模型。面向对象分析的关键是识别出问题域中的对象,并分析它们之间的关系,最终建立起问题域的简洁、精确、可理解的正确模型。

面向对象分析模型通常包括对象模型、动态模型和功能模型。对象模型是最基本、最重要、最核心的模型,描述软件系统的静态结构;动态模型描述系统的控制结构;功能模型描述软件系统必须完成的功能。这三种模型各自从不同的侧面反映软件系统的内容,相互影响、相互制约,有机地结合在一起,全面地表达对目标系统的需求。

面向对象分析有两项任务:一是简要说明所面对的应用问题,最终成为软件系统基本构成的对象,还有系统必须遵从、由应用环境所决定的规划和约束;二是明确构成系统的对象如何协同合作完成系统指定的功能。

面向对象分析需要完成的任务如下:

- 与用户进行充分沟通,了解用户对软件的需求。

- 识别对象集合及对象间的关系。
- 定义类(包括属性和操作)并建立类间的层次关系。
- 建立模型来表示对象之间的关系及行为特性。

1. 面向对象的基本概念

(1) 对象(object)

对象是指现实世界中各种各样的实体,它可以指具体的事物,如一个人、一把椅子、一本书、一辆汽车、一台计算机;也可指抽象的事物,如一个开发项目。对象是构成现实世界的一个独立单位,具有自己的静态属性和动态特性。每个对象都有属于自己的一组特性和可以进行的一组行为,如一个学生具有班级、学号、姓名、性别、出生年月等特性,又有上课、休息、开会、文体活动等行为。总之,对象是具有某些特性的具体事物的抽象。

在面向对象方法学中,对象是由描述该对象属性的数据以及可以对这些操作数据施加的所有操作封装在一起所构成的统一体。一个对象由一组属性和对这组属性进行操作的一组方法构成。属性是用来描述对象静态特征的一个数据项。方法是用来描述对象动态特征的一个操作序列,也称为服务。对象具有以下特点:

- 数据的封装性。这是对象的最主要的特性,可以把对象看成一只黑盒子,它的私有数据对外是不可见的,完全被封装在盒子内部。对私有数据的访问或处理只要知道其值域和作用在其上的公有方法,而不需知道数据的具体结构以及实现操作的算法。
- 以数据为中心。一个对象包括两个要素:数据和所要进行的操作。其中的操作总是围绕数据来进行的,是根据对该对象的数据所做的处理来设置的,不设置与其数据无关的操作,并且操作的结果往往与当时数据状态有关。
- 对象是主动的。对象本身是进行数据处理的主体。由于对象的封装性,不能从其外部直接加工它的私有数据,而是要通过它的公有接口向对象发送消息,请求它执行它的某个操作,处理它的私有数据。
- 模块独立性好。在软件开发中要求模块具有良好的独立性,即要求模块的内聚性强,耦合性弱。对象是基本模块,是由数据及对这些数据施加的操作所组成的统一体。它以数据为中心,操作围绕对其数据所需做的处理来设置,没有无关的操作。因此,对象内部各个元素之间紧密地结合,内聚性相当强。又由于对象的封装性,与外界的联系比较少,对象之间的耦合自然也比较弱。因此可以说对象具有比较好的独立性。
- 并行性。不同的对象各自的处理自身的数据,彼此之间通过发送消息来传递信息完成通信。从本质上说是可以并行工作的。

(2) 类(class)和实例(instance)

现实世界是由千千万万个对象组成的,有一些对象具有相同的结构和特性。如卡车、客车、小轿车等,每辆车都有自身的型号、外形、颜色等,但是由于它们都具有汽车的基本特征,因此人们把它们划分为一类——汽车。再比如柏拉图对人做如下定义:人是没有毛直立行走的动物。在柏拉图的定义中"人"是一个类,具有"没有毛、直立行走"等一些区别于其他动物的共同特征,而张三、李四等一个个具体的人,是"人"这个类的一个个"对象"。把具有相同特征和行为的对象归结在一起就形成类,也就是说,类是具有相同属性和服务的一组对象

23

的集合。

在面向对象方法学中,类是某些对象的模板,抽象地描述属于该类的全部对象的属性和操作。属于某个类的对象称为该类的实例。每个对象都是某个类实例,对象的状态则包含在实例的属性中。类和实例的关系是一种抽象与具体的关系。实例是类的具体体现,类是多个实例的综合抽象。现实中没有真正的类存在,类只是对具有相同属性和行为的一组相似的对象的抽象,而现实中存在的只是某一类的具体的实例。例如,现实中没有抽象的“汽车”,人们只见到了具体的一辆辆的卡车、小轿车等。

类定义了各个实例所共有的结构,类的每个实例都可以使用类中所定义的操作。实例的当前状态是由实例所执行的操作决定的。类给出了属于该类的全部对象的抽象定义,而对象则是符合这种定义的一个实体。对象是由其所属的类动态生成的,一个类可以生成多个不同的对象。同一个类的所有对象具有相同的性质,即外部特性和内部实现都是相同的。一个对象的内部状态只能由其自身来修改,任何别的对象都不能改变它,各个对象可以有不同的内部状态,这些对象并不是完全一样的。

(3) 消息(message)

对象通过消息对外提供的服务在系统中发挥作用。当系统中的其他对象或其他系统成分(在不要求完全对象化的语言中允许有不属于任何对象的成分,如 C++ 程序中的主函数)请求这个对象提供某项服务时,它就会响应这个请求,提供相应的服务。在面向对象的方法中把面向对象发出的服务请求称为消息。消息刺激接收对象产生某种行为,通过操作的执行消息中只包含发送者的要求,告诉接收者要完成哪些处理,但并不告诉接收者应该怎样进行处理。

(4) 封装(encapsulation)

封装是面向对象技术的一个重要原则。它具有两个含义:一是把对象的全部属性和全部服务结合在一起,形成一个不可分割的独立单位(即对象);二是尽可能隐蔽对象的内部细节,对外形成一个边界,只保留有限的对外接口,使之与外部联系。这样对象的外部不能直接存取对象的属性,只能通过允许外部使用的服务与对象发生联系。

封装是一种信息隐蔽技术,对象的所有信息(数据和行为)都封装在对象中,即对象的内部结构从其环境中隐蔽起来。若要对对象的数据进行读写,必须用消息的形式传递给该对象,它将调用其相应的方法对其数据进行读写。

面向对象的类是封装良好的模块,类定义将其说明(使用者可见的外部接口)与实现(使用者不可见的内部实现)显式地分开,其内部实现按其具体定义的作用域提供保护。封装可减少程序的相互依赖性。对象间的相互联系和相互作用过程主要通过消息机制得以实现。一个消息只说明接收者应该执行什么操作,但并不说明如何去执行这个操作。也就是说,消息只说明操作的功能,而没有说明操作的实现方法。

封装的目的在于将对象的使用者和对象的设计者分开,使用者不必知道行为的实际细节,只需用设计者提供的消息来访问该对象。

(5) 继承(inheritance)

在一软件系统中,各种类组成了一个分层结构。由一些特殊类归纳出来的一般类称为这些特殊类的父类或基类,特殊类称为一般类的子类或派生类。同样,父类可演绎出子类,父类是子类更高级别的抽象,子类可以继承父类的全部描述(数据和操作)。一个类的上层可以有父类,下层可以有子类。

如子女可以继承父母的遗传基因一样,在面向对象方法学中,子类将继承其父类的全部数据和方法,也就是说,继承是指子类自动地共享其父类中定义的数据和方法的机制。继承是类不同抽象级别之间的关系。

继承分为单重继承、多重继承。当一个类只有一个父类时,类的继承是单重继承;如果一个类有多个父类,类的继承为多重继承。多重继承的类可以组合多个父类的性质。

在计算机软件开发中采用继承性,提供了类的规范的等级结构;通过类的继承关系,使公共的特性能够共享,提高了软件的复用性。继承性使得具有相同特性的对象可以共享程序代码和数据结构,从而大大地提高了软件开发效率。

(6) 多态性(polymorphism)

多态性是面向对象程序的一种机制。不同层次的类可以共享一个行为(方法)的名字,而不同层次的每个类却各自按自己的需要来实现这个行为。当对象接收到发送给它的消息时,根据该对象所属于的类动态选用该类中定义的实现算法。

多态性可以使对象的对外接口更加一般化(对外接口相同),从而降低消息连接的复杂程度,并提高类的可读。

(7) 重载(overloading)

每个类型成员都有一个唯一的名称。方法由函数名称和一个参数列表(方法的参数的顺序和类型)组成。只要名称不同,就可以在一种类型内定义具有相同名称的多种方法。当定义两种或多种具有相同名称的方法时,就称作重载。即重载时相同名称成员的参数列表是不相同的(参数顺序和类型)。

2. 对象模型技术

对象模型技术是 1991 年由 Jame Rumbaugh 等 5 人提出来的,该方法把分析收集到的信息构造在对象模型、动态模型和功能模型中,将开发过程分为系统分析、系统设计、对象设计和实现 4 个阶段。

在面向对象的软件工程中,成功地开发软件系统的关键在于是否能建立一个全面、合理、统一的问题域模型。所谓模型是为了理解事物而对事物做出一种抽象,是对事物的一种无歧义的书面描述,一般是由一组图形符号和组织这些符号的规则组成。

在面向对象方法学中,通常要建立 3 种形式的模型:描述系统数据结构的对象模型、描述系统控制结构的动态模型和描述系统功能的功能模型。这 3 种模型都涉及数据、控制和操作等共同的概念,只不过各种模型描述的侧重点不同。功能模型指出发生了什么,动态模型确定什么时候发生,对象模型确定发生的客体。

为了全面地理解问题域,在大型软件系统中,这 3 种模型是必不可少的。在整个开发过程中,它们一直都在发展、完善。在面向对象分析过程中,建立完全独立于实现的应用域模型;在面向对象设计过程中,在模型中逐渐加入求解域的结构;在面向对象实现过程中,选择某种程序设计语言,把应用域和求解域的结构编写成程序代码并进行严格的测试检验。

(1) 对象模型。面向对象方法强调以对象为中心而不是以功能为中心来构造系统。在面向对象的软件工程中,对象模型始终都是最重要、最基本、最关键的。对象模型描述的静态结构,包括构成系统的类和对象、它们的属性和操作以及它们之间的关系。这个模型与实体联系模型非常相似。对象模型为建立动态模型和功能模型提供了基础的框架。

（2）动态模型。要清楚地了解一个系统,不仅要考察该系统的静态结构,还要掌握对象本身及对象之间随时间的推移和事件的发生所引起变化的动态特征。这一动态特征是通过动态模型来描述的。

（3）动态模型描述与时间和操作顺序有关的系统控制特征。它包括两种图:一种是状态图;另一种是事件追踪图。状态图描述的是对象的状态、触发该状态的事件和对象响应事件的行为。所谓对象的状态是对影响对象行为的属性的抽象;事件则是某一时刻发生的情况,它可引发状态的改变;对象的行为则是对象在某状态时所做的一系列操作。事件追踪图侧重于说明系统执行过程中的一个特定"场景"。场景也称为脚本,是完成系统某个功能的一个事件序列。功能模型。功能模型着重于系统内部数据的传递和处理。功能模型指明系统应该"做什么",它能更直接地反应用户对目标系统的要求,也有助于开发人员更深入地理解问题域,以改进和完善自己的设计。功能模型可以通过一组数据流图来表示,指明从外部输入,通过操作和内部存储,到外部输出的整个数据流情况。这里的数据流图是传统的数据流图加上控制流,控制流用虚线表示。

以上3种模型相辅相成,相互补充。对象模型描述了系统是对谁进行处理,动态模型描述了何时对何事做处理,而功能模型则指出了系统有什么功能,应该做什么,它表明了当有一组数据输入到系统里以后,经过系统的处理将得到什么样的输出,而不考虑系统内部的逻辑结构。对象模型是最基本、最重要的,它为其他两种模型奠定了基础。可以从下面几个方面来理解3种模型之间的关系。

针对每个类建立的动态模型,描述了类实例的生存周期或运行周期。

状态转换驱使行为发生,这些行为在数据流图中被映射为处理,它们同时与对象模型中的服务相对应。

功能模型中的处理对应于对象模型中的类所提供的服务。通常复杂的处理对应于复杂对象提供的服务,简单的处理对应于更基本的对象提供的服务。有时一个处理对应多个服务,一个服务也可对应多个处理。

数据流图中的数据存储以及数据的源点及终点通常是对象模型中的对象。

数据流图中的数据流往往是对象模型中对象的属性值或者是整个对象。

功能模型中的处理可能产生动态模型中的事件。

对象模型描述了数据流图中的数据流、数据存储、数据源点及终点的结构。

3. 面向对象建模

（1）分析过程是一个不断获取需求及不断与用户商榷的过程,包括问题描述、构建对象模型、构建动态模型、构建功能模型。最后得到的分析文档包括问题需求的陈述、对象模型、动态模型和功能模型。

（2）系统设计。结合问题域的知识和目标系统的体系结构,将目标系统分解为子系统,标识由问题所规定的并发性,设计适当的控制机制组织子系统协调工作,然后选择数据管理的基本策略,考虑对边界条件的处理。最后得到的系统设计文档包括基本的系统体系结构和高层次的决策策略。

（3）对象设计。以分析模型为基础,首先定义类,设计属性及操作,为每个操作选择合适的数据结构并定义算法,调整类结构以强化继承性;然后创建对象,设计消息以补充对象关联;通过关联发现新的对象或交互条件时,修改类组织以优化对数据的访问,改善设计结构。最后得到的对象设计文档包括细化的对象模型、细化的动态模型和细化的功能模型。

（4）实现。将设计转换为特定编程语言代码并在相应的环境中运行，同时保持可追踪性、灵活性和可扩展性。

任务 2.3　统一建模语言 UML

统一建模语言（unified modelling language，UML）是为了解决由于纷繁芜杂的建模工具的出现，给软件开发人员技术交流造成很大困扰的问题，由美国 Rational 软件公司 Booch、Rumbaugh 和 Jacobson 三位面向对象大师在 1996 年共同提出。经过短短几十年的发展，已成为在软件工程中占有支配地位的建模语言。它可运用于信息系统、控制系统、实时系统、分布式系统等不同类型的多个领域中，最近几年还被应用于软件再生工程、质量管理、过程管理、配置管理等方面，已成了业界事实上的统一建模语言。

2.3.1　UML 的基本概念

1. UML 的定义

UML 是一种可视化的、用于绘制软件蓝图的标准建模语言。可以用 UML 对软件系统的各种制品（包括程序、文档等）进行描述。

UML 作为一种语言提供了用于交流的词汇表和使用这些词汇的规则，它由一些符号和一套指示如何使用这些符号的规则构成，可以利用这些明确定义的符号和相应的规则建立待开发系统的各种模型。UML 还可以对系统所有重要的分析、设计和实现决策进行详细描述，保证所建立的模型是精确的、无歧义的和完整的，还提供建立系统各种详细文档的强大功能，包括建立系统体系结构及其所有细节的详细的需求文档、测试文档等。UML 虽然不是一种具体的编程语言，但是用 UML 描述的各种模型可以与各种编程语言直接相连。

2. UML 的目标

UML 集中各种建模语言的精华，在不同的建模语言的基础上，求同存异形成了统一建模语言。设计者的主要目标如下：

- 利用面向对象概念为系统建模（不仅仅是编制软件）。
- 易于使用、表达能力强，可以进行可视化建模。
- 与具体的实现无关，可应用于任何语言平台和工具平台，创建一种所有人和所有机器都可以使用的建模语言。
- 与具体的过程无关，可普遍应用于软件开发的过程。
- 简单、便于扩展，无须对核心概念进行修改。
- 为面向对象的设计与开发中涌现出的高级概念（架构、框架、模式和组件）提供支持，强调在软件开发中对架构、框架、模式和组件的重用。
- 可升级，具有较强的适用性和可扩展性。
- 能够解决复杂系统和关键任务的系统中固有的规模问题。

2.3.2 UML 语言概述

UML 语言本身具有很强的可扩展性和通用性,开发人员容易使用掌握。利用 UML 语言建模有 3 个主要要素:UML 的基本构造块、控制这些构造块如何组合的规则和一些作用于整个 UML 模型的通用机制。按照层次来划分,UML 的基本构造块包含:视图、图和模型元素。

1. UML 语言的视图

视图用来显示系统的不同方面。视图并不是图形(graph),而是由多个图(diagram)构成的,是在某一个抽象层上对系统的一个抽象表示。一个系统需要从多个不同的方面进行描述,包括功能方面、非功能方面以及组织结构方面。因此,为了完整地描述一个系统,应该用多个视图米共同描述,每一个视图都是基于某一个抽象层对系统的一个抽象表示,反映系统的一个特定方面。所有视图一起共同描述一个完整的系统。

UML 的视图主要有以下 5 种:

(1) 用例视图(use case view)。用例视图表达从用户的角度看到的系统应有的外部功能。用例图是其他视图的核心和基础,它的内容将驱动其他视图的构造和发展。通常用例视图静态地描述系统功能,有时也用时序图、协作图或活动图来动态地描述系统功能。

(2) 逻辑视图(logical view)。逻辑视图用来描述如何实现用例视图中提出的系统功能,也就是描述系统内部的功能设计,并形成了对问题域解决方案的术语词汇。它关注的是系统的内部,既描述系统的静态结构,也描述系统的内部动态行为。静态结构描述类、对象及它们之间的关系。动态行为描述对象之间的动态协作关系。系统的静态结构通常在类图和对象图中描述,而动态行为则在状态图、时序图、协作图和活动图中描述。

(3) 并发视图(concurrent view)。并发视图用于描述系统的动态行为及其并发性。并发视图的作用是将系统划分为进程和处理器方式,并处理系统向进程和处理器的任务分配。并发视图描述的是系统的非功能属性方面,主要考虑的是资源的有效使用、代码的并发执行和异步事件的处理。它用状态图、时序图、协作图、活动图和部署图来描述。

(4) 组件视图(component view)。组件视图用来显示系统代码组件的组织结构方式,展示系统实现的结构和行为特征,包括实现模块和它们之间的依赖关系。组件视图由组件图组成,组件图通过一定的结构和依赖关系表示系统中的各种组件。组件就是代码模块,不同类型的代码模块构成不同的组件。组件视图中也可以添加组件的其他信息。

(5) 部署视图(deployment view)。部署视图显示系统的实现环境和组件被部署到物理结构中的映射。如计算机、设备以及它们相互间的连接、哪个程序在哪台计算机上执行等。部署视图用部署图来描述。

2. UML 的图

UML 中的图由各种图形构成,图形就是各种模型元素符号。图用来描述一个特定视图的内容。UML 提供了两大类图:静态图和动态图,共计 9 种不同类型的图,它们相互结合提供了系统的所有视图的描述。

(1) 静态图(static diagram)包括用例图、类图、对象图、组件图和部署图。

• 用例图描述系统功能。

• 类图描述系统的静态结构。

- 对象图描述系统在某个时刻的静态结构。
- 组件图描述实现系统的元素的组织。
- 部署图描述系统环境元素的配置。

（2）动态图（dynamic diagram）动态图包括状态图、时序图、协作图和活动图。

- 状态图描述系统元素的状态和响应。
- 时序图按时间顺序描述系统元素间的交互。
- 协作图按照时间和空间的顺序描述系统元素间的交互和相互关系。
- 活动图描述系统元素的活动。

3. UML 的模型元素及表示方法

在 UML 中，视图用来显示系统的不同方面，视图是由图来描述的。在 UML 各种图中使用的概念统称为模型元素。模型元素主要是用标准的图形符号表示的，图形符号本身代表了 UML 的语法。

UML 定义了两类模型元素：一类模型元素如类、对象、组件、状态、用例、结点、接口、包、系统名称、角色和注释等，用于表示模型中的某个概念；另一类用于表示模型元素之间相互连接的关系，关系也是模型元素。UML 定义的主要关系类型有关联、泛化、依赖和聚集等。这两种模型元素用图形符号表示如图 2-9 所示。

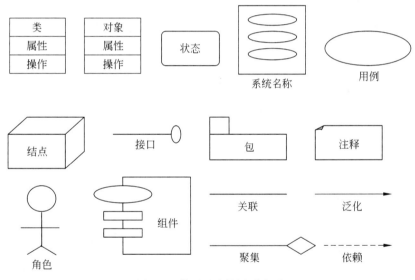

图 2-9　模型元素的图形表示

4. UML 的规则

UML 作为一种语言，有一套自己的规则。实际上，UML 就是一种由符号和一套指示如何使用这些符号的规则组成的建模语言。其中，符号就是在模型中使用的符号，规则包含语法规则、语义规则和实用规则。这些规则为建模人员指示了如何将 UML 的各种符号放置在一起描述一个结构良好的模型。

语法规则描述了 UML 符号的样式以及在 UML 语言中各种符号是如何组合的。语法可以被看成自然语言中的单词，对使用者来说，重要的是要知道如何正确地拼写它们以及如何将不同的单词组合在一起形成一条语句。

语义规则描述 UML 每一个符号的意义、单个符号应该如何解释以及如何在其他符号的上下文内解释。语义规则可以被看成自然语言中单词的含义,UML 从以下几个方面描述符号的规则。

- 命名:为模型元素起一个名称。
- 范围:给一个模型元素以特定含义的上下文。
- 可见性:如何让其他模型元素使用或看见本模型元素。
- 完整性:各模型如何正确、一致地相互联系。
- 执行:运行或模拟动态模型的含义是什么。

实用规则定义符号的意图,通过这些符号使模型达到所要表达的目的,并且易于被人们所理解。

2.3.3 静态建模

面向对象技术首先描述需求,然后建立系统的静态模型,UML 的静态建模机制包括用例模型、类和对象模型。

1. 用例模型

用例模型主要在软件开发的初期对系统进行需求分析时使用,目的是使开发者在头脑中明确需要开发的系统功能有哪些。用例描述系统应做什么,对于已构造完毕的系统,用例则反映了系统能够完成什么样的功能。用例模型用于把应满足用户需求的基本功能聚合起来表示。

用例模型由一组用例图组成,其基本组成部件是用例、角色和系统。用例是系统中的一个功能单元,是对系统的一个用法的通用描述。用例描述的是系统的总体功能。用例之间的关系主要有 3 种:泛化关系、扩展关系和使用关系。

用例模型的主要作用是:①确定系统应具备哪些功能,这些功能是否满足系统的需求;②确定系统应具备哪些功能,这些功能是否满足系统的需求;③为系统的功能提供清晰一致的描述,以便为后续的开发工作打下良好的交流基础,具有方便开发人员传递需求的功能;④为系统验证工作打下基础。通过验证最终实现的系统能够执行的功能是否与最初需求的功能相一致,保证系统的实用性。

由此可见,为了进行系统的定义、识别角色和用例、定义用例之间的关系,验证最终模型的有效性等工作时,都需要建立用例模型。用例模型也就是系统的用例视图。用例视图在建模过程中居于非常重要的位置,影响着系统中其他视图的构建和解决方案的实现,因为它是客户和开发者共同协商反复讨论确定的系统基本功能(集);当为复杂系统建模时,可以先构造系统的一个简化版本,再通过扩展完成复杂系统的建模。即利用该简化版用例模型跟踪对系统设计和实现有影响的用例;另外,用例图只能给出模型的总体框架,而用例的实现细节必须以文本的方式描述。

由于该学生信息管理系统规模比较庞大,我们仅以学生管理子系统为例介绍 UML 在需求分析阶段建模基本步骤。

（1）获取用户需求

学生管理子系统由学院管理信息中心监控,各教学系(部)、教研室分级管理。系统中的各子系统既是相互独立的,又存在着一定的流程关系。在设计时由系统分析员和客户或客户指定的具有业务知识的人面谈,捕获业务目标,熟悉业务活动,识别协作系统,了解系统领域专业词汇,建立相应的记录文档。

按照整体的思想考虑系统,可以更清晰地明确开发的顺序和目标,使系统具有整体性和完整性,系统工程流程图如图 2-10 所示。

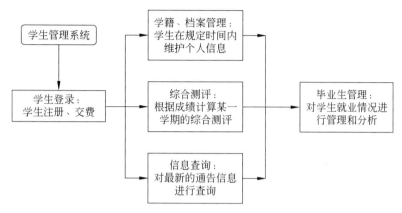

图 2-10 系统工程流程图

(2) 建立系统用例图(system use case figure)

按照 RUP(统一开发过程)的要求,系统的功能性需求描述工具主要是用例(use case),即将系统的功能性需求分解为每一个系统用例。RUP 模式的最大优点是按照角色(actor)识别用例(use case)的方法,该方法可以较为直观地建立起系统的架构,通过反复识别,避免需求中的漏项。为了清晰地描述系统用例的层次结构,可以采用将系统用例分为不同的包,每一个包表示一组相关的系统用例。

学生管理信息系统引入了包图来将不同的功能用例进行分类,每个包图作为一个系统,如图 2-11 所示。从功能上看,整个管理系统可以分为四个系统:学生注册管理、学生学籍/档案管理、综合测评管理和学生毕业管理。

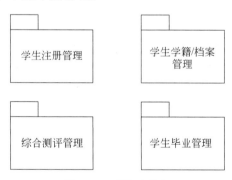

图 2-11 系统功能包

在每个包中,通过用例图来描述系统的参与者(actor)和系统的用例(use case),每一个用例通过用例规约进行详细的描述。在参与者中,包括了直接操作系统的管理人员、分系统管理员、学生、教师、行政人员以及可以与系统发生关联的角色。根据各子系统所完成的需求分析,绘制用例图。

在上面需求分析中列出了学生管理信息系统的全部用例：新生信息、学生成绩、学籍变更、学生奖励、学生处罚、学生信息查询修改。这里我们建立其用例分析图,如图2-12所示。

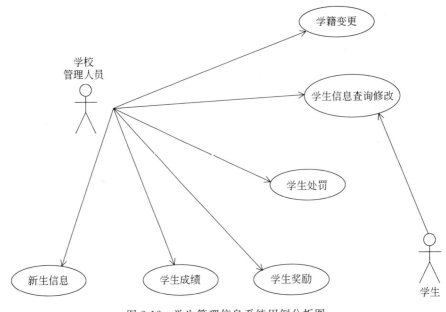

图 2-12　学生管理信息系统用例分析图

该用例图标记了所有的学生管理信息系统的用例,从中可以得知,学生管理信息系统的角色可以划分为以下两类。

- 学校管理人员：用例包括学生管理信息系统的所有用例。
- 学生：用例只有学生信息查询修改。

需要注意的是,学校管理人员具有查询和修改所有数据的权限,处于高权限位置,而学生只有修改个人基本信息、查询奖惩情况、查询学籍变更情况和打印成绩单的权限,处于低权限位置。

整个管理系统的核心学生管理子系统的用例图如图2-13所示。

系统管理主要由系统管理员负责维护,同时保证向其他系统提供完整和详细的信息库内容,其用例图如图2-14所示。

（3）编写用例说明

除建立用例图外,对每个用例还应进行描述,编写用例说明文档。对每一个用例应说明的基本内容是：用例怎样开始和结束、正常的事件流、变通的事件流、意外情况的事件流等。对每个用例,进行简要的文字说明。举例如下。

- 新增学生信息：需要记录学生的姓名、性别、毕业学校、分入班级、地址、出生日期等信息。
- 修改学生信息：学生如有信息需要修改,则需完成信息的修改。
- 删除学生信息：如有学生退学,则需从数据库中删除学生的信息。

（4）建立用例行为图

对重要用例可建立用例活动图或顺序图,详细阐述业务流程。

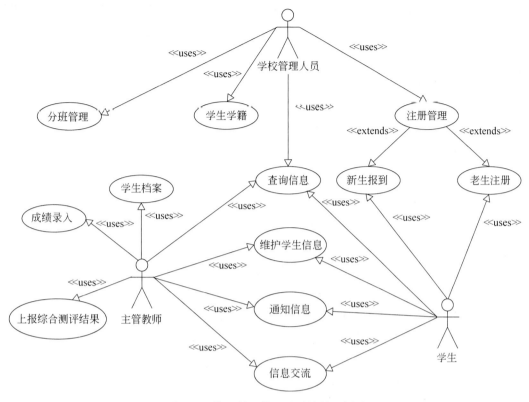

图 2-13　核心学生管理子系统的用例图

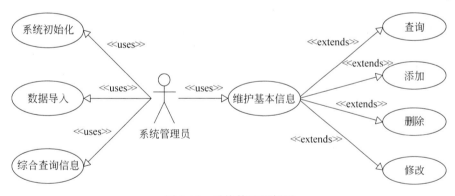

图 2-14　系统管理用例图

完成上述步骤后,由系统分析员再与用户反复协商,不断修改完善,最终对需求达成共识。可见需求结果是系统分析员与用户反复讨论的产物,这也正体现了 UML 建模过程反复迭代的特点。

2. 类和对象模型

在面向对象建模技术中,客观世界的实体被映射为对象,并归纳为一系列的类。类模型和对象模型提示了系统的结构。在 UML 中,类和对象模型分别由类图和对象图表示。

类是对具有相同特征的对象的抽象,而对象是类的实例。对象通常用来描述客观世界中某个具体的实体。在建模时,类代表了被建模系统中的概念。当建立一个系统模型,应该使用该系统问题域内的概念,这样建立的模型更容易被客户所理解,也便于各方人员相互交流。

在 UML 中,类是用一个矩形表示的,并且该矩形由 3 部分组成:名称部分、属性部分和操作部分。

最上面的格子包含类的名字。类的命名应尽量采用应用领域中的术语,明确且无歧义,以利于开发人员与用户之间的交流。需要对研究领域仔细分析,抽象出领域中的概念,定义其含义及相互关系,然后用领域中的术语为类命名,如图 2-15所示。

类名称
属性部分
操作部分

图 2-15 中间的格子包含类的属性,用以描述该类对象的共同特征。UML 规定的类属性的语法为:

图 2-15　UML 类符号

可见性　属性名:类型＝默认值{约束特性}

描述类的特征的属性可能有很多,但是正确的类属性应该是能够描述和识别该类的那些特定信息,而且类只应包括当前系统所感兴趣的那些属性。每个属性都具有一个类型,属性的类型反映了属性的种类。常见的属性类型有整型、浮点型、字符串和布尔型等基本类型。也可以是用户自定义的类型,一般由所涉及的程序设计语言确定。

不同属性具有不同的可见性。常用的可见性有 public、private 和 protected 三种,在UML 中分别表示为"＋""－"和"♯",它们都在属性名称的左侧标识。如果没有标识,表示可见性还没有定义。约束特性则是用户对该属性性质一个约束的说明,例如,"(只读)"说明该属性是只读属性。比如,年龄属性可以表示如下:

年龄：integer=20

类的操作(Operation)也称为功能,用于属性的状态的改变、查找或执行某些动作。一个类的操作描述了该类能够做什么,也就是该类提供了哪些服务。它们被约束在类的内部,只能作用到该类的对象上。由操作名、返回类型和参数表组成操作接口。UML 规定操作的语法为:

可见性　操作名(参数表):返回类型　　{约束特性}

参数表是一串由逗号分隔的形参列表。参数的类别有 3 种取值:in(输入参数)、out(输出参数)和 inout(既是输入又是输出参数)。

一个类可以有任意数目的操作,也可以没有操作。操作的参数也可以带有默认值。一个类也可以有类范围操作,用带下划线的形式表示。在使用时,不需要创建表的对象就可以调用这种操作,但这种操作只限于访问该类的类范转属性。

在 UML 中,类图可描述类之间的静态关系,包括关联、聚集、泛化、依赖及细化等关系。学生管理信息系统中的类对象主要包括:学生(Student)、成绩(Score)、学籍变更(Change)、奖励(Encourage)、处罚(Punish)。可以在类图中将上面这些类以及它们之间的关系表示出来,如图 2-16 所示。

对象与类具有相同的表示形式。对象图可以看作类图的一个实例;对象之间的链是类之间的关联的实例。对象与类的图形表示相似。对象也可以表示为划分成 3 格的矩形。上面的格子是对象名,对象名下有下划线;中间的格子记录属性值。下部是操作。链的图形表

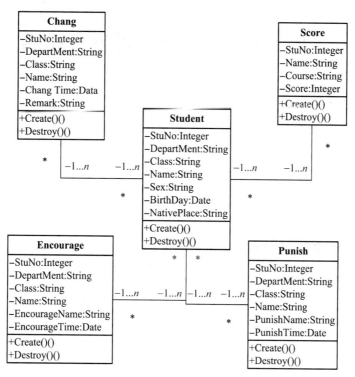

图 2-16 学生管理信息系统的类分析

示与关联相似。对象图常用于表示复杂的类图的一个实例。

以学生信息管理系统为例,有学生对象、课程对象,如图 2-17 所示。

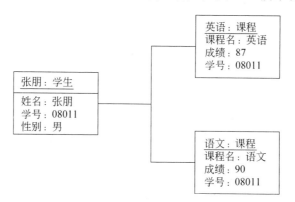

图 2-17 学生对象图

一般来说,一个系统通常有多个类图。并不是所有的类都被放在一个单一的类图中,一个类可以同时参与多个类图。在画一个类时,并不必将每个属性和操作都显示出来,可以有选择地显示类的一部分属性和操作,甚至可以不显示任何属性和操作,也可以在属性或操作列表的末尾使用省略号。类图的一个目的是为系统的其他图定义一个基础。类图中的类可以采用任一种面向对象编程语言实现。

任务 2.4　需求分析规格说明书

2.4.1　需求分析规格说明书的作用

软件需求分析规格说明书中阐明的需求是经过认真研究和分析后定下来的,是软件开发人员和用户对问题的共同理解,是供需双方达成的协议书。由于其中规定的需求都是系统准备加以实现的,因此它应该作为软件设计和实现的基础和依据。在项目的最后阶段,其中的各项需求又将是产品验收的依据。可见,规格说明书在整个软件开发过程中都具有十分重要的作用。

2.4.2　需求分析规格说明书的格式及内容

根据我国国家标准 GB856T—88 规定,需求规格说明书的格式及内容如下所述:

1. 引言
  1.1　编写说明
  1.2　前景
  1.3　定义
  1.4　参考资料
2. 任务概述
  2.1　目标
  2.2　用户的特点假定与约束
3. 需求规定
  3.1　对功能的规定
  3.2　对性能的规定
    3.2.1　精度

    3.2.2　时间特性要求
    3.2.3　灵活性
  3.3　输入/输出要求
  3.4　数据管理能力要求
  3.5　故障处理要求
  3.6　其他专门要求
4. 运行环境规定
  4.1　设备
  4.2　支持软件
  4.3　接口
  4.4　控制

需求分析文档完成后,应对所完成的文档进行评审。评审由用户、系统分析员和设计人员参加,组成评审小组。评审结束后,用户和开发人员均应在需求规格说明书上签字。签字后再有修改,双方要重新协商,达成协议后方能修改。

评审时应对数据流图、数据字典和加工说逐个进行认真的评审,以确认文档所描述的模型符合用户的需求。

任务 2.5　实　验　实　训

1. 实训目的

(1) 培养学生运用所学软件项目需求分析的理论知识和技能,分析解决实际应用问题的能力。

(2) 培养学生面向客户进行调查研究,获得客户对软件的功能和性能需求,用软件工程的需求分析方法写出相关的文档。

（3）通过实训，了解 UML 建模语言在需求分析阶段所包含的内容。

2. 实训要求

（1）能深入所在学校的人事管理部门，了解学校管理人员对教师信息的需求。

（2）实训后根据需求分析的结果完成软件规格说明书。

3. 实训学时

8 学时。

4. 实训项目：教师信息管理系统

（1）完成教师信息管理系统的需求分析。

（2）用结构化分析法完成教师信息管理系统的分层数据流图。

（3）分析教师信息管理系统的用例，使用 UML 建模方法画出系统用例图和类图。

（4）完成教师信息管理系统的软件规格说明书。

小　　结

本项目首先介绍了需求的层次、需求分析的任务、需求分析的过程、需求分析的原则及需求获取的方法，然后重点介绍了结构化分析方法和面向对象分析方法，最后介绍了需求说明书。结构化分析方法是面向数据流自顶向下逐步求精进行需求分析的方法，从代表目标系统整体功能的单个处理着手，自顶向下不断把复杂的处理分解为子处理，这样一层层分解下去，直到仅剩下若个容易实现的子处理为止。结构化分析方法采用数据流图作为描述分解的手段，数据流图与数据词典结合在一起构成需求规格说明书的主要部分。面向对象分析的关键是识别出问题域中的对象，并分析它们之间的关系，最终建立起问题域精确、可理解的正确模型。面向对象分析通常包括对象模型、动态模型和功能模型。

习　　题

1. 选择题

（1）需求分析阶段的工作可以分成 4 个方面：对问题的识别、分析与综合、制定需求规格说明书和（　　）。

  A. 需求分析评审　　　　　　　　　B. 对问题的解决

  C. 对过程的讨论　　　　　　　　　D. 功能描述

（2）以下不是结构化分析方法描述系统功能模型的方法是（　　）。

  A. 数据流图　　B. 数据字典　　C. 加工说明　　D. 流程图

（3）以下不是对象具有的特点是（　　）。

  A. 数据的封装性　　B. 并行性　　C. 模块独立性好　　D. 对象是被动的

（4）对象模型技术是 1991 年由 Jame Rumbaugh 等 5 人提出来的，该方法把分析收集到的信息构造在对象模型、动态模型、和功能模型中，将开发过程分为系统分析、系统设计、

（　　）和实现 4 个阶段。

　　　　A. 对象设计　　　　B. 类的设计　　　　C. 模块设计　　　　D. 程序设计

（5）按照层次来划分，UML 的基本构造块包含：视图、图和（　　）。

　　　　A. 功能模型　　　　B. 模型元素　　　　C. 示例　　　　　D. 视图元素

2. 填空题

（1）需求分析可分为_____、_____、_____、_____四个阶段。

（2）需求分析的任务是理解和表达用户的需求，_____，确定软件设计的限制和软件同其他系统元素的接口细节，定义软件的其他有效性需求。

（3）系统分析是对问题的_____和_____的过程，分析员要回答的问题是"_____"的问题，而不是"系统应该怎么做的问题"。

（4）_____是一种面向数据流的需求分析方法。这种方法通常与设计阶段的结构化设计衔接起来使用。

（5）面向对象分析模型通常包括_____、_____和_____。

（6）_____是某些对象的模板，抽象地描述属于该类的全部对象的属性和操作。

（7）UML 是一种可视化的、用于绘制软件蓝图的_____。可以用 UML 对软件系统的各种制品（包括程序、文档等）进行描述。

3. 思考题

（1）什么是需求分析？需求分析阶段的基本任务是什么？

（2）什么是结构化分析方法？该方法使用什么描述工具？

（3）什么是面向对象技术？面向对象方法的特点是什么？

（4）什么是类？类与传统的数据类型有什么关系？

（5）建立分析和设计模型的一种重要方法是 UML，试问 UML 是一种什么样的建模方法？它如何表示一个系统？

（6）UML 中提供哪几种图？请说明每种图所描述的内容。

（7）对于教师信息管理系统，如何用 UML 的图形符号建立系统的用例图？

项目 3　软件项目的总体设计

【学习目标】

- 通过本项目的学习,能够使读者了解到软件项目总体设计的任务和目标,总体设计的准则,以及软件设计原理。
- 了解结构化的设计方法和面向对象的软件设计方法。
- 掌握数据设计方法,以及 E-R 图、概念数据模型和物理数据模型的设计方法。
- 本阶段完成系统的大致设计并明确系统的数据结构与软件结构。

　　软件需求分析阶段已经完全弄清楚了软件的各种需求,较好地解决了所开发的软件“做什么”的问题,下一步要着手对软件系统进行设计,也就是考虑应该“怎么做”的问题。软件设计是软件项目开发过程的核心,需求规格说明是软件设计的重要输入,也为软件设计提供了基础。软件设计过程是将需求规格转化为一个软件实现方案的过程。

任务 3.1　总体设计的基本内容

　　对于任何工程项目来说,在施工之前,总要先完成设计。从软件总体设计阶段开始正式进入软件的实际开发阶段。本阶段完成系统的大致设计并明确系统的数据结构与软件结构。软件总体设计的核心内容就是依据需求规格或规格定义,合理、有效地实现产品规格中定义的各项需求。它注重框架设计、总体结构设计、数据库设计、接口设计、网络环境设计等。总体设计是将产品分割成一些可以独立设计和实现的部分,保证系统的各个部分可以和谐地工作。设计过程是不断地分解系统模块,从高层分解到低层分解。

3.1.1　软件设计的定义

　　软件需求讲述的是“做什么”,而软件设计解决的是“怎么做”的问题。软件设计是将需求描述的“做什么”问题变为一个实施方案的创造性的过程,使得整个项目在逻辑上和物理上能够得以实现。软件设计是软件工程的核心部分,软件工程中有三类主要开发活动:设计、编码、测试。而设计是第一个开发活动,也是最重要的活动,是软件项目实现的关键阶段。设计质量的高低直接决定了软件项目的成败,缺乏或者没有软件设计的过程会产生一个不稳定的、甚至是失败的软件系统。

　　良好的软件设计是进行快速软件开发的根本,没有良好的设计,会将时间花在不断的调试上,无法添加新功能,修改时间越来越长,随着给程序打上一个又一个的补丁,新的功能需要更多的代码实现,就变成一个恶性循环了。

　　我们将软件设计分为两个级别,一个是高级设计,也称为概要设计(或者总体设计);另外一个设计是低级设计,也称为详细设计。概要设计是从需求出发,描述了总体上系统架构应该包含的组成要素。概要设计尽可能模块化,因此描述了各个模块之间的关联。详细设计主要是描述实现各个模块的算法和数据结构以及用特定计算机语言实现的初步描述,例如变量、指针、进程、操作符号以及一些实现机制。

3.1.2 总体设计的目标

学生信息管理系统应尽量采用学校现有软硬件环境以及先进的管理系统开发方案,从而达到充分利用学校现有资源,提高系统开发水平和应用效果的目的。同时,系统应符合学校学生信息管理的规定,满足对学校学生信息管理需要,并达到操作过程中的直观、方便、实用、安全等要求。

根据总体设计的任务,明确设计所最终达到的目标,依据现有资源,选取合理的系统解决方案,设计最佳的软件模块的结构,有一个全面而精准的数据库设计,同时制订详细的测试计划,书写相关的文档资料。

3.1.3 总体设计的步骤

由系统设计人员来设计软件,就是根据若干规定和需求,设计出功能符合需要的系统。一个软件最基本的模型框架一般由数据输入、数据输出、数据管理、空间分析 4 部分组成。但随着具体开发项目的不同,在系统环境、控制结构和内容设计等方面都有很大的差异,因此,设计人员开发软件时必须遵循正确的步骤。

(1)根据用户需要,确定要做哪些工作,形成系统的逻辑模型。

(2)将系统分解成一组模块,各个模块分别满足所提出的要求。

(3)将分解出来的模块按照是否能满足正常的需求进行分类,对不能满足正常需求的模块要进一步调查研究,以确定是否能进行有效的开发。

(4)制订工作计划,开发有关的模块,并对各模块进行一致行动测试以及系统的最后运行。

3.1.4 总体设计的基本任务

1. 设计软件结构

为了实现目标系统,最终必须设计出组成这个系统的所有程序和数据库文件。对于程序则首先进行结构设计,具体方法如下。

(1)采用某种设计方法,将一个复杂的系统按功能分成模块。

(2)确定每个模块的功能。

(3)确定模块之间的调用关系。

(4)确定模块之间的接口,即模块之间传递的消息。

(5)评价模块结构的质量。

软件结构的设计是以模块为基础的。在需求分析阶段,通过某种分析方法把系统分解成层次结构。在设计阶段,以需求分析的结果为依据,共实现的角度划分模块,并组成模块的层次结构。

软件结构的设计是总体设计的关键一步,直接影响到详细设计与编程工作。软件系统的质量及一些整体特性都在软件结构的设计中决定。

2. 数据结构及数据库设计

对于大型数据处理的软件系统,除了软件结构设计外,数据结构与数据库设计也是重要的。数据结构的设计采用逐步细化的方法。在需求分析阶段通过数据字典对数据的组成、操作约束和数据之间的关系等方面进行描述,确定数据的结构特性,在总体设计阶段要加以细化,而详细设计阶段则规定具体的实现细节。

3. 编写总体设计文档

编写总体设计文档的内容如下。

(1) 总体设计的说明书。即总体设计阶段结束时提交的技术文档,主要内容如下。

① 引言:编写的目的、背景、定义、参考资料。

② 总体设计:需求规定、运行环境、基本设计概念和处理流程、软件结构。

③ 接口设计:用户接口、外部接口、内部接口。

④ 运行设计:运行模块组合、运行控制、运行时间。

⑤ 系统数据结构设计:逻辑结构设计、物理结构设计。数据结构和程序的关系。

⑥ 系统出错处理设计:出错信息、补救措施、系统恢复设计。

(2) 数据库设计说明书。主要给出所使用的数据库管理系统 DBMS 简介,数据库概念模型、逻辑设计和结果。

(3) 用户手册。对需求分析阶段的用户手册进行补充和修改。

(4) 修订测试计划。对测试策略、方法和步骤提出明确要求。

4. 评审

在该阶段,对设计部分是否完整实现需求中规定的功能、性能等要求,设计方案的可行性、关键的处理及内外部接口定义的正确性、有效性,以及各部分之间的一致性都要进行评审。

3.1.5　总体设计的准则

总体设计一是要覆盖需求分析的全部内容;二是要作为详细设计的依据。其设计过程是一系列迭代的步骤,它们使设计者能够描述要构造的软件系统的特征。总体设计与其他所有设计过程一样,是受创造性的技能、以往的设计经验和良好的设计灵感,以及对质量的深刻理解等一些关键因素影响的,它需要转变设计视点,全面提高系统可扩展性,实现工具式的可扩充功能。总体设计模型和建筑师的房屋设计类似,即首先表示出要构造的事务整体,设计房屋的整体结构,然后在细化局部,提供构造每个细节的指南。同样软件设计模型提供了软件元素的组织框架图。对此,许多专家,如 Davis 曾提出一系列软件设计的原则,下面予以简单介绍。

1. Davis 的设计准则

(1) 设计过程应该考虑各种可选方案,根据需求、资源情况、设计概念来决定设计方案。

(2) 设计应该可以跟踪需求分析模型。

(3) 设计资源都是有限的。

(4) 设计应该体现统一的风格。

(5) 设计的结构应该尽可能满足变更的要求。

（6）设计的结构应该能很好地处理异常情况。

（7）设计不是编码，编码也不是设计。

（8）设计的质量评估应该是在设计的过程中进行，而不是事后进行的。

（9）设计评审的时候，应该关注一些概念性的错误，而不是关注细节问题。

设计之前的规范性很重要，如命名规则，在设计中要尽可能提倡复用性，同时保证设计有利于测试。

2. 命名规则（Naming Rule）

软件工程技术强调规范化：为了使由许多人共同开发的软件系统能正确无误地工作，开发人员必须遵守相同的约束规范（用统一的软件开发模型来统一软件开发步骤和应进行的工作，用产品描述模型来规范文档格式，使其具有一致性和兼容性），这些规范要求有一个规范统一的命名规则，这样才能摆脱个人生产方式，进入标准化、工程化阶段。

一般系统开发的命名遵循以下规则：

（1）变量名只能由大小写英文字母，下划线"_"，以及阿拉伯数字组成。而且第一个字符必须是大小写英文字母或者下划线，不能是数字。

（2）全局变量、局部变量的命名必须用英文首字母简写来命名。

（3）数据库表名、字段名等命名必须用英文来命名。命名应尽量体现数据库、字段的功能。

3. 术语定义（Terms Glossary）

前面我们强调了软件工程的规范化，这不仅要求命名规则的规范和统一，而且要求系统中的关键术语具有唯一性，并且定义明确，不具有二义性。下面是在学生信息管理系统中所用到的部分术语，请读者参考理解，如表3-1所示。

表3-1 术语定义

序号	术语的名称	术语的定义
1	总体结构	软件系统的总体逻辑结构。本系统采用面向对象的设计方法，所以总体逻辑结构为部件的组装图
2	概念数据模型 CDM	关系数据库的逻辑设计模型，包括一张逻辑 E-R 图及其相应的数据字典
3	物理数据模型 PDM	关系数据库的物理设计模型，包括一张物理表关系图及其相应的数据字典
4	角色	数据库中享有某些特权操作的用户
5	子系统	具有相对独立功能的小系统，一个大的软件系统可以划分为多个子系统，每个子系统可由多个模块或多个部件组成
6	模块	具有功能独立、能被调用的信息单元
7	参考资料	指本文件书写时用到的其他资料

4. 参考资料

参考资料是指本文件书写时用到的其他资料。需要列出有关资料的作者、标题、编号、发表日期、出版单位或资料来源，可包括以下方面。

（1）本项目经核准的计划任务书、合同或上级机关的批文。

（2）项目开发计划。

（3）需求规格说明书。

（4）测试计划（初稿）。

（5）用户操作手册（初稿）。

（6）本文档所引用的资料、采用的标准或规范。

比如,本系统所用到的参考资料如下:

[1]　赵池龙,等.实用软件工程[M].2版.北京:电子工业出版社,2006.

[2]　韩万江.软件工程案例教程[M].北京:机械工业出版社,2007.

[3]　毕硕本,卢桂香.软件工程案例教程[M].北京:北京大学出版社,2007.

[4]　用户需求报告.

[5]　数据库设计规范.

[6]　软件命名规范.

5. 相关文档

相关文档是指当本文件内容变更后,可能引起变更的其他文件,如需求分析报告、详细设计说明书、测试计划、用户手册等。

一个复杂的软件要让其他人员读懂并且理解,除程序代码外,还应有完备的设计文档来说明设计思想、设计过程和设计的具体实现技术等有关信息。因此文档是十分重要的,它是开发人员相互进行通信以达到协同一致工作的有力工具。而且按要求进度提交指定的文档,能使软件生产过程的不可见性变为部分可见,从而便于对软件生产进度进行管理。最后,通过对提交的文档进行技术审查和管理审查,以保证软件的质量和有效的管理。所以必须十分重视文档工作。

一般软件开发至少具备如下文档:

（1）《详细设计说明书》。

（2）源程序清单。

（3）测试计划及报告。

（4）《用户使用手册》。

任务 3.2　结构化的软件设计

3.2.1　结构化设计的基本概念

结构化设计的关键思想是通过划分独立的模块来减少程序设计的复杂性,并且增加软件的可重用性,以减少开发和维护计算机程序的费用。这种方法构筑的软件,其组成清晰、层次分明,便于分工协作,而且容易调试和修改,是系统研制较为理想的工具。下面介绍结构化设计的几个基本概念。

1. 模块

模块是在程序中的数据说明、可执行语句等程序对象的集合,或是单独命名和编址的元素,如高级程序语言中的过程、函数和子程序等。

在软件的体系结构中,模块是可以组合、分解和更换的单元。模块具有以下几个基本特征。

（1）接口：指模块的输入/输出。

（2）功能：指模块实现什么功能。

（3）逻辑：描述内部如何实现要求的功能及所需的数据。

（4）状态：指该模块的运行环境，即模块的调用与被调用关系。

模块化是解决一个复杂问题时自顶向下逐层把软件系统划分若干模块的过程，是软件解决复杂问题所具备的手段。

2. 模块的独立性

模块独立性是指每个模块只能完成系统要求的独立的子功能，并且与其他模块的联系最少且接口简单。根据模块的外部和内部特征我们提出了两个定性的度量模块独立性的标准：耦合度和内聚度。

（1）耦合度

耦合度（coupling）是模块间联系强弱的度量。所谓"紧耦合"是模块间的联系强；"松耦合"就是模块间的连接弱；"无耦合"就是模块间无连接，也就是模块间相互独立。软件结构设计中的目标是努力实现松耦合系统。

结构化程序设计的主要优势可以归结为以下几点。

① 联系方式的类型。其耦合度从低到高依次为：直接的控制个和调用，间接地通过参数传递，公共数据，模块间的直接引用。

② 接口的复杂性。

③ 联系的作用。联系传送的信息所起的作用可分为数据型、控制型和混合型三种。

（2）内聚度

内聚标志一个模块内各个元素彼此结合的紧密程度，它是信息隐蔽和局部化概念的自然扩展，一个好的内聚模块应当恰好做一件事。它描述的是模块内的功能联系。内聚度（cohesion）是模块所执行任务的整体统一性的度量。

对内聚度进行测量时，由低到高对内聚度进行排列。

① 偶然内聚：如果一个模块的各成分之间毫无关系，则称为偶然内聚。

② 逻辑内聚：几个逻辑上相关的功能被放在同一模块中，则称为逻辑内聚，如一个模块读取各种不同类型外设的输入。尽管逻辑内聚比偶然内聚合理一些，但逻辑内聚的模块各成分在功能上并无关系，即使局部功能的修改有时也会影响全局，因此这类模块的修改也比较困难。

③ 时间内聚：如果一个模块完成的功能必须在同一时间内执行（如系统初始化），但这些功能只是因为时间因素关联在一起，则称为时间内聚。

④ 过程内聚：如果一个模块内部的处理成分是相关的，而且这些处理必须以特定的次序执行，则称为过程内聚。

⑤ 通信内聚：如果一个模块的所有成分都操作同一数据集或生成同一数据集，则称为通信内聚。

⑥ 顺序内聚：如果一个模块的各个成分和同一个功能密切相关，而且一个成分的输出作为另一个成分的输入，则称为顺序内聚。

⑦ 功能内聚：模块的所有成分对于完成单一的功能都是必需的，则称为功能内聚。

3. 抽象

抽象是从认识复杂现象过程中使用的思维工具,以及抽出事物本质的共同的特性而暂不去考虑它的细节,不考虑其他因素。当考虑用模块化的方法解决问题时,可以提出不同层次的抽象。在抽象的最高层,可以使用问题环境的语言,以概括的方式叙述问题的解。在抽象的较低层,则采用更过程化的方法,在描述问题的解时,面向对象的术语和面向现实的术语相结合使用。最终,在抽象的最底层,可以用直接实现的方式来说明。软件工程实施中的每一步都可以看作对软件抽象层次的一次细化。由抽象到具体的分析和构造出软件的层次结构,可以提高程序的可理解性。

4. 信息隐蔽

信息隐蔽是软件开发的一种原则和方法。在大型程序设计中,为了实现对象的可见性控制,在分层构造软件模块时要求有些对象只在模块内部可见,在该模块外部不可见,这样就实现了所谓信息隐蔽,例如在自顶向下分层设计中,其较低层的设计细节都被"隐蔽"起来,不仅功能的执行机制被隐蔽起来,而且控制流程的细节和一些数据也被隐蔽起来,随着设计逐步往低层推移,其细节也逐步显露出来。在模块化设计中,接口只是功能描述,而模块本身的实现细节对外界则是不可见的,实现上的改变并不影响使用它的模块,这有利于软件的重复使用。

3.2.2 结构化的设计方法

结构化的设计方法主要有功能模块划分设计、面向数据流设计、输入/输出设计等。

1. 功能模块划分设计

功能模块划分设计方法是根据功能进行分解,分解出一些模块,设计者从高层到低层一层一层进行分解,每层都有一定的关联关系,每个模块具有特定、明确的功能,每个模块的功能是相对独立的,同时是可以集成的。这种方法在传统的软件工程中已经被普遍接受。模块划分应该体现信息隐藏、高内聚、松耦合的特点。如图 3-1 所示就是一个功能模块划分的设计。

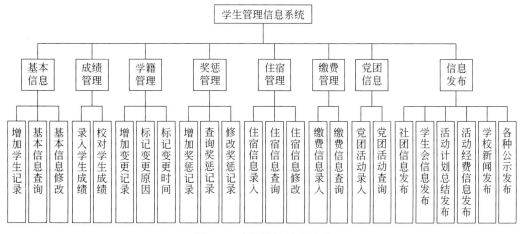

图 3-1　功能模块划分设计

2. 面向数据流设计

面向数据流设计是基于外部的数据结构进行设计的一种方法。这种设计的目标是给出设计软件结构的一个系统化途径。根据数据流,采用自顶向下逐步求精的设计方法,按照系统的层次结构进行逐步分解,并以分层的数据流图反映这种结构关系,能清楚地表达和容易理解整个系统,为了表达数据处理过程的数据加工情况,需要采用层次结构的数据流图。它的基本原理是系统的信息以"外部世界"的形式进入软件系统,经过处理之后再以"外部世界"的形式离开系统。面向数据流的设计方法定义了一些"映射",利用这些"映射"可以将数据流图变换成软件结构。数据流的类型决定了映射的方法。数据流有两种基本类型:变换型和事务型。

变换型数据流一般可分为三个部分:输入流、交换流和输出流,如图3-2所示,信息沿着输入通道进入系统,同时由外部形式变化为内部形式,进入系统的信息变换中心,经过加工处理以后,再沿着输出通道变化为外部形式,然后离开软件系统。

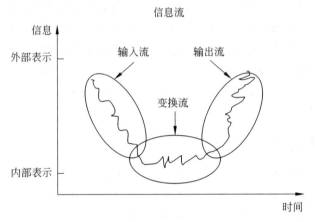

图 3-2　变换型数据流

事务型数据流有一个明显的事务中心,它接受一项事务,根据该事务的特点和性质,选择分配一个适当的处理单元,然后输出结果,如图3-3所示。

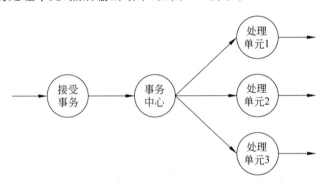

图 3-3　事务型数据流

事务中心模块首先接受事务模块,接受一项事务,接着调用调度模块并选择分配处理单元来获取处理结果,然后调用输出模块输出结果,如图3-4所示。

面向数据流设计方法的过程是,在将数据流图转换成软件结构之前,先要进一步精化数据流图,然后对数据流图分类,确认是事务型还是变换型。不同类型的数据流图的设计过程是不同的。变换型数据流的过程如下。

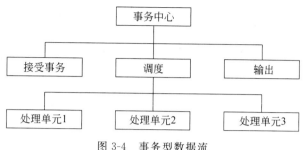

图 3-4　事务型数据流

（1）分为输入、处理、输出三个部分。

（2）映射成变换型软件结构。

（3）优化软件结构。

事务型数据流其过程是：

（1）区分事务中心、接受事务通路和各处理单元。

（2）映射成事务型软件结构。

（3）优化软件的结构。

例如，学生成绩管理系统中数据流的最顶层（0 层）如图 3-5 所示。

图 3-5　最顶层（0 层）的数据流

随着数据流的流动，进入数据流的第 1 层：输入的信息要进行合法性检查，如图 3-6 所示。

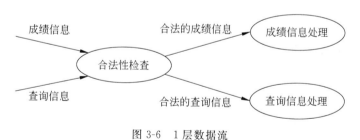

图 3-6　1 层数据流

然后进行数据流的第 2 层，进行数据的操作、存储和输出，如图 3-7 所示。

3. 输入/输出设计

输入/输出设计类似于黑盒设计方法，它是基于用户的输入进行设计。高层描述出用户的所有可能输入，低层描述针对这些输入，系统完成什么功能。可以采用 IPO 图表示设计过程，IPO 是"输入/处理/输出"的英文缩写。IPO 图使用的基本符号既少又简单，因此用户会很容易学会使用这种图形工具。它的基本形式是在左边的框中列出有关的输入数据，中间的框内列出主要的处理功能，在右边的框内列出产生的输出数据。处理框中列出处理的次序指出功能执行的顺序，但是用这些基本符号还不足以精确描述执行处理的详细情况。

47

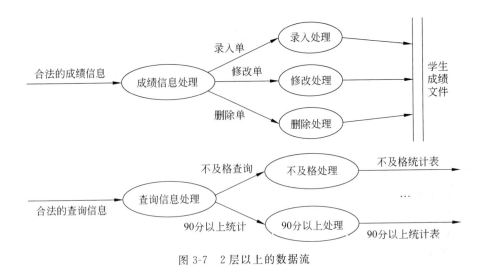

图 3-7　2 层以上的数据流

在 IPO 图中还用类似向量符号的粗大箭头清楚地指出数据通信的情况,如图 3-8 所示就是一个文件更新的例子,通过这个例子不难了解 IPO 图的用法。

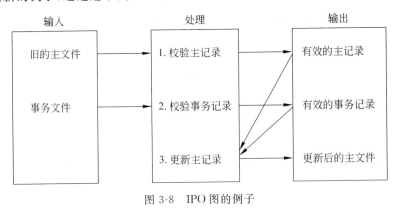

图 3-8　IPO 图的例子

3.2.3　总体结构设计

本部分以"学生管理信息系统"为例进行讲解总体结构设计(design of collective structure)。学生管理信息系统总体结构示意图,如图 3-9 所示。

1. 学生基本信息

注册交费:在校学生每个学期注册的功能,记录新、老生交费信息;提供相关学期内的书籍供学生网上选择;在报到时管理员可以随时对当前报到的人数、交费情况等相关信息进行监控和查询。

新生登记:分年度、按招生类别登记入学新生,并可按招生类别打印新生登记表。

新生编班管理:分年度、按招生专业对新生进行自动或人工的分班处理;为新生预先分配宿舍;报到时完成新生的基本报到流程。

2. 成绩管理

考试成绩是检验老师教学效果和学生学习效果的重要度量,也是审查学位的重要依据。因此要求学生的成绩管理准确、安全。"成绩管理"主要功能是完成教务处学生成绩管理系

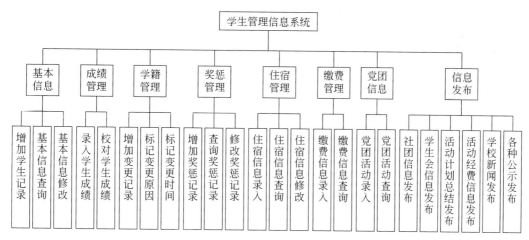

图 3-9 系统总体结构示意图

统的导入工作,生成各种查询、统计报表。

3. 学籍管理

学生基本信息:主要实现在校学生的学籍管理功能,记录学生学籍和变动信息包括学生的系别、班级、姓名、籍贯等基本信息。学生可以在规定时间内完成自己基本信息的维护,并且可以随时查询自己当前的学籍状态。

4. 学生奖惩管理

主要实现学生在校期间每个学期的各类获奖、处罚情况进行输入和汇总,生成各种查询、统计报表。

5. 学生宿舍信息管理

其主要功能是对学生的宿舍信息进行输入和汇总,完成统计、查询功能,生成各种查询、统计报表。

6. 学生学费缴纳信息管理

主要功能是完成财务处学生缴费管理数据的处理工作,生成各种查询、统计报表。

7. 党团信息管理

主要功能是完成对党团员的基本信息和对各个院系组织的党团活动进行录入、修改等功能,生成各种查询、统计报表。

8. 信息发布

信息发布主要完成各种管理信息的及时发布,包括新闻、学院动态、学生管理信息和各种测评的公示等。学生组织管理系统主要完成对学院内学生组织的基本管理功能,学生组织包括学生会和各种学生社团。系统提供社团申请、院系审批、成立社团信息发布;社团学期登记、学期计划上报、院系审批;学生会人事档案管理、活动档案管理;学生会学期活动计划和总结上报、活动经费管理;学期总结和活动经费公示等各种具体功能的管理和实现。

3.2.4 运行环境的设计

该学生管理信息系统的运行环境的设计(design of running environment)如下。
硬件平台如下。

（1）CPU：Pentium Ⅲ 500Hz 以上。

（2）磁盘空间容量：600MB 以上。

（3）内存：128MB 以上。

（4）其他：鼠标、键盘。

软件平台如下。

（1）服务器操作系统：Windows 2000/2003/XP。

（2）数据库为 SQL Server 2000。

任务 3.3　面向对象的软件设计

根据面向对象的软件设计原理，学生管理信息系统的子系统清单、功能模块清单、模块功能分配等在本任务进行详细阐述。

3.3.1　面向对象的设计方法

对象是真实世界映射到软件领域的一个构件，当用软件来实现对象时，对象由私有的数据结构和操作过程组成，操作可以合法地改变数据结构。面向对象的设计方法表示出所有的对象类及其相互之间的关系。最高层描述每个对象类，然后（低层）描述对象的属性和活动，描述各个对象之间关联关系。面向对象是很重要的一个软件开发方法，它将问题和解决方案通过不同的对象集合在一起，包括对数据结构和响应操作方法的描述。面向对象有7 个属性：同一性、抽象性、分类性、封装性、继承性、多态性、对象之间的引用。

面向对象的设计（OOD）将面向对象分析方法建立的（需求）分析模型转化为构造软件的设计模型。这里要了解很多面向对象开发的概念，如类、对象、属性、封装性、继承性、多态性、对象之间的引用等以及体系结构、类的设计、用户接口设计等面向对象设计方法。

面向对象的设计结果是产生大量的不同级别的模块，一个主系统级别的模块组成很多的子系统级别的模块。数据和对数据操作的方法封装在一个对象中，这个对象就是前面讲到的模块，这些模块构成了这个面向对象系统。另外，面向对象的设计还要对数据的属性和相关的操作进行详细描述。

面向对象设计的主要特点是建立了非常重要的 4 个软件设计概念：抽象性、信息隐藏性、功能独立性和模块化。尽管所有的设计方法都极力体现这 4 个特性，但是只有面向对象方法提供了实现这 4 个特性的机制。

在进行对象分析和设计的时候，可以总结出如下的步骤：

（1）识别对象。

（2）确定操作。

（3）定义操作。

（4）确定对象之间的通信。

（5）完成对象定义。

1. 分配识别对象

识别对象首先需要对系统进行描述，然后对描述进行语法分析，找出名词或者名词短语,根据这些名词或者名词短语确定对象。对象可以是外部实体(external entities)、物(things)、发生(occurrence)或者事件(events)、角色(roles)、组织单位(organizational units)、场所(places)、结构(structures)等。

下面举例说明如何确定对象。

假设我们需要设计一个家庭安全系统,这个系统的描述如下。

家庭安全系统可以让业主在系统安装时为系统设置参数,可以监控与系统连接的全部传感器,可以通过控制板上的键盘和功能键与业主交互作用。

在安装中,控制板用于为系统设置程序和参数,每个传感器被赋予一个编号和类型;设置一个主口令使系统处于警报状态或者警报解除状态,输入一个或者多个电话号码,当发生一个传感器事件时就拨号。

当一个传感器事件被软件检测到时,连在系统上的一个警铃鸣响,在一段延迟时间(业主在系统参数设置阶段设置这一延迟时间的长度)之后,软件拨一个监控服务的电话号码,提供位置信息,报告侦到的事件的状况。电话号码每 20 秒重拨一次,直到电话接通为止。

所有与家庭安全系统的交互作用都是由一个用户交互作用子系统完成的,它读取由键盘及功能键所提供的输入,在 LCD 显示屏上显示业主住处和系统状态信息。

通过语法分析,提取名词,提出潜在的对象:房主、传感器、控制板、安装、安全系统、编号、类型、主口令、电话号码、传感器事件、警铃、监控服务等。

这些潜在对象需要满足一定的条件才可以称为正式对象,当然在确定对象的时候有一定的主观性。Coad 和 Yourdon 提出了 6 个特征来考察潜在的对象是否可以作为正式对象,这 6 个特征是:

(1) 包含的信息,该对象的信息对于系统运行是必不可少的情况下,潜在对象才是有用的。

(2) 需要的服务,对象必须具有一组能以某种方式改变其属性值的操作。

(3) 多重属性,一个只有一个属性的对象可能确实有用,但是将它表示成另外一个对象的属性可能会更好。

(4) 公共属性,可以为对象定义一组公共属性,这些属性适用于对象出现的所有场合。

(5) 公共操作,可以为对象定义一组公共操作,这些操作适用于对象出现的所有场合。

(6) 基本需求,出现在问题空间里,生成或者消耗对系统操作很关键的信息的外部实体,几乎总是被定义为对象。

当然还可以根据一定的条件和需要设定潜在的对象为正式的对象,必要的时候可以增加对象。

2. 确定属性

为了找出对象的一组有意义的属性,可以再研究系统描述,选择合理的与对象相关联的信息。例如对象"安全系统",其中房主可以为系统设置参数,如传感器信息、报警响应信息、起动/撤销信息、标识信息等。这些数据项表示如下:

传感器信息＝传感器类型＋传感器编号＋警报临界值

报警响应信息＝延迟时间＋电话号码＋警报类型

启动/撤销信息＝主口令＋允许尝试的次数＋暂时口令

标识信息＝系统标识号＋验证电话号码＋系统状态

等号右边的每一个数据项可以进一步定义,直到基本数据项为止,由此可以得到对象"安全系统"的属性如图 3-10 所示。

Object: System(对象:系统)

-System ID (系统ID号)
-Verification phone number (验证电话号码)
-System status (系统状态)
-System table (系统表)
-Sensor type (传感器类型)
-Sensor number (传感器编号)
-Alarm threshold (警报临界值)
-Alarm delay time (警报延迟时间)
-Telephone number(s) (电话号码)
-Alarm type (警报类型)
-Master password (主口令)
-Temporary password (暂时口令)
-Number of tries (允许尝试的次数)

图 3-10　定义属性的对象

3. 定义操作

一个操作以某种方式改变对象的一个或者多个属性值,因此,操作必须了解对象属性的性质,操作能处理从属性中抽取出来的数据结构。为了提取对象的一组操作,可以再研究系统的需求描述,选择合理的属于对象的操作。为此可以进行语法分析,隔离出动词,某些动词是合法的操作,很容易与某个特定的对象相联系。由前面的系统描述,可以知道"传感器被赋予一个编号和类型"或者"设置一个主口令使系统处于警报状态或警报解除状态"。它们说明:

(1) 一个赋值操作与对象传感器相关。

(2) 对象系统可以加上操作设置。

(3) 处于警报状态和警报解除状态是系统的操作。

分析语法之后,通过考察对象之间的通信,可以获得相关对象的更多的认识,对象靠彼此之间发送消息进行通信。

4. 确定对象之间的通信

建立一个系统,仅仅定义对象是不够的,在对象之间必须建立一种通信机制,即消息。要求一个对象执行某个操作,就要向它发送一个消息,告诉对象做什么。收到者(对象)响应消息的过程是:首先选择符合消息名的操作并执行,然后将控制返回给使用者。消息机制对一个面向对象系统的实现是很重要的。

5. 完成对象的定义

前面从语法分析中选取了操作,确定其他操作还要考虑对象的生存期以及对象之间传递的消息。对象必须被创建、修改、处理、以某种方式读取或者删除,所以能够定义对象的生存期。考察对象在生存期内的活动,可以定义一些操作,从对象之间的通信可以确定一些操作,例如传感器事件会向系统发送消息以显示(display)事件位置和编号;控制板会发送一个重置(reset)消息以更新系统状态;警铃会发送一个查询(query)消息;控制板会发送一个修改(modify)消息以改变系统的一个或者多个属性,传感器事件也会发送一个消息呼叫(call)

系统中包含的电话号码,最后,这个对象系统的定义如图 3-11 所示。

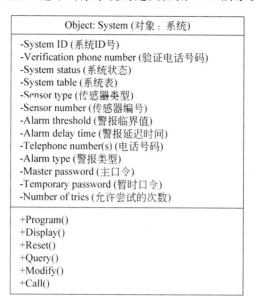

图 3-11　System 对象的定义

这个对象包括了一个私有的数据结构和相关的操作,对象还有一个共享的部分,即接口,消息通过接口,指定需要对象中的哪一个操作,但不是指定操作怎样实现,接受消息的对象决定要求的操作如何完成。用一个私有部分定义对象,并提供消息来调用适当的操作,就实现了信息隐藏,软件元素用一种定义良好的接口机制组织在一起。

3.3.2　类图

类图(Class Figure)是静态图的一种,它描述系统中类的静态结构。类图不仅定义系统中的类,表示类之间的联系如关联、依赖、聚合等,也包括类的内部结构(类的属性和操作)。类图包括三个部分:类、用户接口、联系。类是面向对象模型的最基本的模型元素。

类有属性、操作、约束以及其他成分等,属性描述类性质的实例所能具有的值;操作实现类的服务功能,它可以被本类的对象请求执行,从而发生某种行为。用户接口就是用户和系统交互的界面,它也可以用对象类表示。联系代表对象类之间的关系,这种关系可以有多种,关联、聚合、泛化、依赖等都是非常重要的联系。

首先确定类的属性和主要操作。类的属性可以通过检查类的定义、分析问题的需求和运用领域知识来确定。类的操作可以通过检查分析交互图确定,把交互图中对象之间的交互活动抽象成一个类的操作。

除了一般类之外,还需要分析定义系统的用户接口,这些接口也可以用对象类定义。在定义了对象类之后,需要进一步分析对象类之间的联系。在定义联系时,需要同时分析和确定联系端的多重性、角色、导航的性质,这些可以从需求分析、领域知识来分析和确定。根据已定义的对象类及其联系,以及对象类的多重性、角色、导航等性质,可以画出类图。

确定系统用例后,继续完成用例的细化阶段,利用 UML 中的顺序图描述参与者与系统的交互,用活动图来描述工作流程。以下主要以学生管理信息系统中的学生角色来完成顺序图和活动图的描述。

UML建模的第二步就是类分析。实际开发学生管理信息系统时,类分析是建立在用例分析基础上的。要详细了解系统要处理的概念,详细谈论和列举所需要包含的用例,了解概念和概念之间的关系。

学生管理信息系统中的类对象主要包括:学生(student)、成绩(score)、学籍变更(change)、奖励(encourage)、处罚(punish)等。可以在类图中将上面这些类以及它们之间的关系表示出来,如图3-12所示。

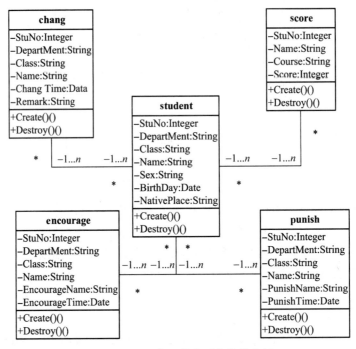

图 3-12　学生管理信息系统的类分析

需要说明的是,这里的类分析还是处于"草图"状态,定义的操作和属性不是最后的版本,只是在现阶段来看这些操作和属性是比较合适的,有些操作将在时序图的草图中定义,而不是在用例中定义。

有些类可以用UML状态图来显示类的对象的不同状态以及改变状态的事件。在本系统中有状态图的类是学生,该类的状态图将在后面的内容中介绍。

为了描述域类的动态行为,可以使用UML的时序图、协作图或者活动图来描述。本系统选用时序图。时序图的基础是用例。在时序图中要说明域类是如何协作以操作该系统中的用例。当然,在建立时序图时,将会发现新的操作,并将其加入类中,这将在后面看到所建立的时序图模型。用时序图建模时,需要窗口或对话框作为角色界面。显然,这里需要操作界面的有基本信息、奖励、处罚、学籍变更、修改查询等,此外维护也需要一个操作界面。

图3-13主要描述了以学生身份登录系统后所进行的操作,学生可以对自己的基本信息进行维护,同时可以浏览和查询内容,包括系统所涉及的和学生相关的部分。

图3-14描述了整个活动状态的过程。

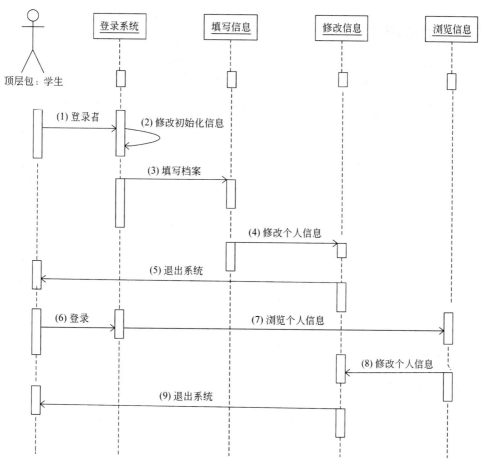

图 3-13 学生登录系统时序图

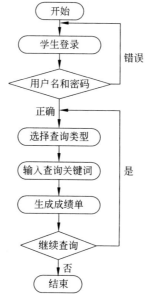

图 3-14 系统登录查询活动图

3.3.3　子系统清单

学生管理信息系统的子系统清单(subsystem list)如表 3-2 所示。

表 3-2　子系统清单

子系统的编号	子系统的英文名	子系统功能简述	子系统之间的关系
SS1	Student	管理、维护、查询、打印学生基本信息	学院、专业、班级、民族信息由基本信息子系统提供
SS2	Lesson	管理、维护、查询、打印课程基本信息	教师信息由基本信息子系统提供
SS3	Score	管理、维护、查询、打印学生考试成绩信息	学生信息由 Student 子系统提供,课程信息由 Lesson 子系统提供
SS4	Cost	管理、维护、查询、打印学生交费信息	学生信息由 Student 子系统提供
SS5	Room	管理、维护、查询、打印学生住宿信息	学生信息由 Student 子系统提供,住宿信息由基本信息子系统提供
SS6	Basic	管理、维护系统基本信息	向各子系统提供基本信息
SS7	User	管理、创建用户	不同权限的用户访问不同的子系统

3.3.4　功能模块清单

本例"学生管理信息系统"的功能模块清单(function module list)如表 3-3 所示。

表 3-3　功能模块清单

模块编号	模块英文名	模块功能简述	模块接口简述
M1-1	StudentIn	录入学生基本信息	入口参数:学生基本信息 出口参数:录入数据库
M1-2	StudentModify	修改学生基本信息	入口参数:学号 出口参数:修改数据库对应的字段
M1-3	StudentFind	查询学生基本信息	入口参数:查询条件 出口参数:显示用户需要的字段
M1-4	StudentDel	删除学生基本信息	入口参数:学号 出口参数:删除数据库对应的字段
M1-5	StudentPrint	用报表显示学生基本信息或用 Excel 形式导出	入口参数:student(当系统检查到参数为 student 时,打开对应的学生数据表) 出口参数:报表或 Excel 表
M2-1	LessonIn	录入课程的基本信息	入口参数:课程基本信息 出口参数:录入数据库
M2-2	LessonModify	修改课程的基本信息	入口参数:课程编号 出口参数:修改数据库对应字段
M2-3	LessonFind	查询课程基本信息	入口参数:查询条件 出口参数:显示用户需要的字段
M2-4	LessonDel	删除课程基本信息	入口参数:课程编号 出口参数:删除数据库对应的字段

模块编号	模块英文名	模块功能简述	模块接口简述
M2-5	LessonPrint	用报表显示课程基本信息或用 Excel 形式导出	入口参数：lesson（当系统检查到参数为 lesson 时，打开对应的课程数据表） 出口参数：报表或 Excel 表
M3-1	ScoreIn	录入学生的成绩	入口参数：学号、课程编号 出口参数：录入数据库
M3-2	ScoreModify	修改学生的成绩	入口参数：学号、课程编号 出口参数：修改数据库对应的字段
M3-3	ScoreFind	查询学生的成绩	入口参数：查询条件 出口参数：显示用户需要的字段
M3-4	ScoreDel	删除学生的成绩	入口参数：学号、课程编号 出口参数：删除数据库中对应的字段
M3-5	ScorePrint	用报表显示学生成绩或用 Excel 形式导出	入口参数：score（当系统检查到参数为 score 时，打开对应的成绩数据表） 出口参数：报表或 Excel 表
M4-1	LiveIn	录入学生的住宿信息	入口参数：宿舍号 出口参数：录入数据库
M4-2	LiveModify	修改学生的住宿信息	入口参数：学号、宿舍号 出口参数：修改数据库对应的字段
M4-3	LiveFind	查询学生的住宿信息	入口参数：查询条件 出口参数：显示用户需要的字段
M4-4	LiveDel	删除学生的住宿信息	入口参数：学号、宿舍号 出口参数：删除数据库对应的字段
M4-5	LivePrint	用报表显示住宿信息或用 Excel 形式导出	入口参数：live（当系统检查到参数为 live 时，打开对应的住宿数据表） 出口参数：报表或 Excel 表
M5-1	CostIn	录入学生交费信息	入口参数：学号、学年 出口参数：录入数据库
M5-2	CostModify	修改学生交费信息	入口参数：学号、学年 出口参数：修改数据库中对应的字段
M5-3	CostFind	查询学生交费信息	入口参数：查询条件 出口参数：显示用户需要的字段
M5-4	CostDel	删除学生交费信息	入口参数：学号、学年 出口参数：删除数据库中对应的字段
M5-5	CostPrint	用报表显示交费信息或用 Excel 形式导出	入口参数：cost（当系统检查到参数为 cost 时，打开对应的交费数据表） 出口参数：报表或 Excel 表
M6-1	College	增加、修改、删除、显示学院基本信息	入口参数：选择需要的操作 出口参数：将操作结果录入数据库
M6-2	Specialty	增加、修改、删除、显示专业基本信息	入口参数：选择需要的操作 出口参数：将操作结果录入数据库
M6-3	Class	增加、修改、删除、显示班级基本信息	入口参数：选择需要的操作 出口参数：将操作结果录入数据库

模块编号	模块英文名	模块功能简述	模块接口简述
M6-4	Teacher	增加、修改、删除、显示教师基本信息	入口参数:选择需要的操作 出口参数:将操作结果录入数据库
M6-5	Nation	增加、修改、删除、显示民族基本信息	入口参数:选择需要的操作 出口参数:将操作结果录入数据库
M6-6	Live	增加、修改、删除、显示宿舍基本信息	入口参数:选择需要的操作 出口参数:将操作结果录入数据库
M6-7	Csrelation	修改学院与专业之间的从属关系	入口参数:学院、专业 出口参数:修改它们之间的关系并录入数据库
M6-8	Screlation	修改专业与班级之间的从属关系	入口参数:班级、专业 出口参数:修改它们之间的关系并录入数据库
M6-9	Strelation	修改专业与课程之间的从属关系	入口参数:课程、专业 出口参数:修改它们之间的关系并录入数据库
M6-10	Sum	统计学生信息、课程信息、住宿信息和成绩信息	入口参数:单击选择需要统计的信息(包括:学生、课程、住宿、成绩) 出口参数:显示统计信息
M7-1	UserAdd	增加用户	入口参数:用户名、密码 出口参数:录入数据库
M7-2	UserModify	修改用户密码	入口参数:输入密码两次 出口参数:修改数据库对应的字段
M7-3	UserDel	删除用户	入口参数:用户名、密码 出口参数:删除数据库对应的字段

3.3.5 模块(部件)功能分配

1. 专用模块功能分配

专用模块功能分配(function distribution of expert module)如表 3-4 所示。

表 3-4 专用模块功能分配

专用模块编号	模块英文名	模块详细功能简述	模块的接口标准
M1-1	Studentfind	查找学生基本信息,可以进行多字段查找,也可以进行模糊查询和准确查询	入口参数:输入各种查询信息,选择模糊查询和准确查询 出口参数:查找数据库,显示相应的字段
M1-2	Studentprint	用报表形式显示所有学生基本信息,可以进行打印操作	入口参数:student(当系统检查到参数为 student 时,打开对应的学生数据表) 出口参数:显示学生信息报表
M2-1	Lessonfind	查询课程基本信息,可以进行多字段查找,也可以进行模糊查询和准确查询	入口参数:输入各种查询信息,选择模糊查询和准确查询 出口参数:查找数据库,显示相应的字段

专用模块编号	模块英文名	模块详细功能简述	模块的接口标准
M2-2	Lessonprint	用报表形式显示所有课程信息,可以进行打印操作	入口参数:lesson(当系统检查到参数为lesson时,打开对应的课程数据表) 出口参数:显示课程信息报表
M3-1	Scorefind	查找学生的成绩信息,可以进行多字段查找,也可以进行模糊查询和准确查询	入口参数:输入各种查询信息,选择模糊查询和准确查询 出口参数:查找数据库,显示相应的字段
M3-2	Scoreprint	用报表形式显示所有成绩信息,可以进行打印操作	入口参数:score(当系统检查到参数为score时,打开对应的成绩数据表) 出口参数:显示学生成绩报表
M4-1	Livefind	查找学生的住宿信息,可以进行多字段查找,也可以进行模糊查询和准确查询	入口参数:输入各种查询信息,选择模糊查询和准确查询 出口参数:查找数据库,显示相应的字段
M4-2	Liveprint	用报表形式显示所有住宿信息,可以进行打印操作	入口参数:live(当系统检查到参数为live时,打开对应的住宿数据表) 出口参数:显示住宿信息报表
M5-1	Costfind	查找学生的交费信息,可以进行多字段查找,也可以进行模糊查询和准确查询	入口参数:cost(当系统检查到参数为cost时,打开对应的交费数据表) 出口参数:显示交费信息报表
M5-2	Costprint	用报表形式显示所有交费信息,可以进行打印操作	入口参数:lesson(当系统检查到参数为lesson时,打开对应的课程数据表) 出口参数:报表或 Excel 表

2. 公用模块功能分配

公用模块功能分配(function distribution of public module)如表 3-5 所示。

表 3-5 公用模块功能分配

公用模块编号	模块英文名	模块详细功能简述	模块的接口标准
G-1	Student	实现学生信息的录入、修改、删除	入口参数:单击学生信息录入,则直接进入学生信息录入界面,若单击修改(或删除),则需要输入学号进入学生信息修改界面(或删除界面) 出口参数:增加、修改、删除数据库中对应的字段
G-2	Lesson	实现课程信息的录入、修改、删除	入口参数:单击课程信息录入,则直接进入学生信息录入界面,若单击选择修改(或删除),则需要输入课程编号后进入课程信息修改界面(或删除界面) 出口参数:增加、修改、删除数据库中对应的字段
G-3	Score	实现成绩信息的录入、修改、删除	入口参数:单击成绩信息录入,则直接进入成绩信息录入界面。若单击选择修改(或删除),则需要输入学号后进入成绩信息修改界面(或删除界面) 出口参数:增加、修改、删除数据库中对应的字段

公用模块编号	模块英文名	模块详细功能简述	模块的接口标准
G-4	Live	实现住宿信息的录入、修改、删除	入口参数：单击住宿信息录入，则直接进入住宿信息录入界面，若单击选择修改（或删除），则需要输入宿舍号后进入住宿信息修改界面（或删除界面） 出口参数：增加、修改、删除数据库中对应的字段
G-5	Cost	实现交费信息的录入、修改、删除	入口参数：单击交费信息录入，则直接进入交费信息录入界面，若单击选择修改（或删除），则需要输入学号后进入交费信息修改界面（或删除界面） 出口参数：增加、修改、删除数据库中对应的字段
G-6	Basic	实现学院、专业、班级、宿舍、教师信息维护	入口参数：单击选择对应的信息维护 出口参数：增加、修改、删除数据库中对应的字段
G-7	Relation	实现修改学院与专业，专业与班级、专业与课程之间的关系	入口参数：单击选择3种关系之一 出口参数：修改它们的关系并录入数据库
G-8	Sum	实现各种信息的统计功能	入口参数：选择需要统计的信息 出口参数：系统自动完成统计并显示统计结果
G-9	User	实现用户的增加、修改、删除	入口参数：单击增加用户，则直接进入用户信息录入界面，若单击选择修改，则需要输入密码两次，单击删除则直接删除该用户 出口参数：增加、修改、删除数据库中对应的字段

任务 3.4　数据库设计

数据库的设计是数据设计的核心,可以采用面向数据设计的方法。需要掌握数据库设计原理和规范,熟悉某些数据库管理系统以及数据库的优化技术。应用这些知识和技术,可以进行 E-R 图设计、数据字典设计、基本数据表设计、中间数据表设计、临时数据表设计、视图设计、索引设计、存储过程设计、触发器设计等。这一部分我们主要从数据结构设计、设计检查列表和设计模型三方面进行介绍。

3.4.1　数据结构设计

1. 数据库表名清单

在本例"学生管理信息系统"中数据库表名清单(DB Table List)如表 3-6 所示。

表 3-6　数据库表名清单

序号	中文表名	英 文 表 名	表功能说明
1	用户登录	login	存放用户账户、密码、权限
2	学生	student	存放学生的资料
3	宿舍	room	存放宿舍基本信息
4	院/系/班级	department	存放学院班级基本信息
5	奖励	encourage	存放各种奖励信息
6	处分	punish	存放各种处分信息
7	交费	cost	存放学生交费的资料
8	成绩	score	存放学生考试成绩的资料,学生与课程之间的基本表

2. 数据库表(部分)的详细清单

数据库表(部分)的详细清单(particular list of DB table)如表 3-7～表 3-14 所示。

表 3-7　login 表

序号	字段中文名	字段英文名	类型、宽度、精度	允许空	主键/外键
1	名称	StuName	Char(30)		主键
2	密码	Password	Char(20)		
3	身份	Shenfen	Char(10)		

表 3-8　student 表

序号	字段中文名	字段英文名	类型、宽度、精度	允许空	主键/外键
1	学号	StuId	Char(10)		主键
2	姓名	StuName	Char(10)		
3	性别	Sex	Char(2)		
4	出生日期	Birthday	Datatime(8)		
5	民族	Nation	Char(8)		
6	学院	College	Char(30)		
7	专业	Specialty	Char(30)		
8	班级	Class	Char(30)		
9	班主任	Teacher	Char(10)		
10	入学年份	Inyear	Char(6)		
11	联系电话	Phone	Char(20)		
12	身份证号	StatusID	Char(18)		
13	电子邮箱	Email	Varchar(50)	允许	
14	家长姓名	HouseName	Char(20)		
15	家长电话	HousePhone	Char(20)		
16	联系地址	HouseAddress	Varchar(50)		
17	邮政编码	PostCode	Varchar(50)	允许	
18	备注	Memo	Varchar(60)	允许	
19	相片	Image	Image	允许	

表 3-9　room 表

序号	字段中文名	字段英文名	类型、宽度、精度	允许空	主键/外键
1	学号	StuId	Char(10)		主键
2	姓名	StuName	Char(10)		
3	宿舍号	LiveId	Char(5)		主键

表 3-10　department 表

序号	字段中文名	字段英文名	类型、宽度、精度	允许空	主键/外键
1	学号	StuId	Char(10)		主键
2	姓名	StuName	Char(10)		
2	院系	DepId	Char(10)		主键
3	班级	Class	Char(80)		

表 3-11　encourage 表

序号	字段中文名	字段英文名	类型、宽度、精度	允许空	主键/外键
1	学号	StuId	Char(10)		主键
2	姓名	StuName	Char(10)		
3	奖励号	EncId	Char(10)		主键
4	奖励名	EncName	Char(10)		
5	奖励等级	EncGrade	Char(10)		

表 3-12　punish 表

序号	字段中文名	字段英文名	类型、宽度、精度	允许空	主键/外键
1	学号	StuId	Char(10)		主键
2	姓名	StuName	Char(10)		
3	处分号	Pun Id	Char(10)		主键
4	处分名	PunName	Char(10)		
5	处分等级	PunGrade	Char(10)		

表 3-13　cost 表

序号	字段中文名	字段英文名	类型、宽度、精度	允许空	主键/外键
1	学号	StuId	Char(10)		主键/外键
2	姓名	StuName	Char(10)		
3	学年度	Year	Char(10)		
4	应交费	Ying	Money		
5	实交费	Shi	money		

表 3-14 score 表

序号	字段中文名	字段英文名	类型、宽度、精度	允许空	主键/外键
1	学号	StuId	Char(10)		外键
2	姓名	StuName	Char(10)		
3	课程编号	Idlesson	Char(20)		外键
4	课程名称	Lesson	Char(30)		
5	学年	Year	Char(4)		
6	学期	Xueqi	Char(6)		
7	成绩	Score	Int		
8	重修标记	Reread	Char(2)		

3.4.2 设计检查列表

1. 功能设计检查列表

功能设计检查列表(check-up list of function design)如表 3-15 所示。

表 3-15 功能设计检查列表

编号	功能名称	使用部门	功能描述	输　入	系统响应	输　　出	是否覆盖
1	建立并维护全部学生基本信息	学生处、教务处	建立学生表、录入学生基本信息,日后可以对学生表进行修改	输入学生全部基本信息	将全部学生的基本信息存入"学生"实体中	提供学生条件查询和模糊查询的基本信息	是
2	实现管理学生住宿	学生处	安排、维护学生居住的宿舍、床位	输入学号、宿舍号	将有关信息存入"宿舍"实体,系统调用"学生"实体	住宿信息存储在"宿舍"实体中	是
3	实现管理学生考试成绩	教务处	录入、维护学生在校期间每个学期每一科目的成绩	输入学号、课程编号、成绩	自动计算期末成绩并存入"成绩"实体,系统调用"学生""课程"实体	成绩信息存储在"成绩"实体中	是
4	实现管理院/系/班级与学生之间的对应关系	教务处、学生处	将某一学生从院/系/班级转去院/系/班级	输入院/系/班级,学生信息	系统修改数据库中的关系	更改后的院/系/班级与学生之间的关系	是
5	实现学生统计功能	教务处、学生处	统计在校学生人数、各专业人数、各班级人数	输入需要统计的信息	调用"学生"实体,读取有关的内容,并做出统计	显示统计结果	是
6	实现住宿情况统计功能	学生处	统计宿舍入住情况、入住率	输入需要统计的信息	调用"宿舍"实体,读取有关的内容,并做出统计	显示统计结果	是

编号	功能名称	使用部门	功能描述	输入	系统响应	输出	是否覆盖
7	实现学生成绩统计功能	教务处	统计学生在校期间各科平均成绩、各学期平均成绩	输入需要统计的信息	调用"成绩"实体,读取有关的内容,并做出统计	显示统计结果	是
8	实现管理学生交费功能	财务处	录入、维护学生每学期的交费情况	输入学号、学年、应收金额、实收金额	调用"学生"实体,存入"交费"实体	交费信息存储在"交费"实体中	是
9	实现条件查询	人事处、学生处、教务处、财务处、学校办公室	查询需要的字段	输入查询条件	根据查询条件,系统调用相关实体,进行查询统计,生成查询结果	显示查询结果	是
10	实现模糊查询	学生处、教务处、财务处、学校办公室	查询需要的字段,但并不是准确的字段,而是与需要的字段相关的所有记录	输入模糊查询条件	根据查询条件,系统调用相关实体,进行查询统计,生成查询结果	显示模糊查询结果	是
11	建立电子统计报表	人事处、学生处、教务处、财务处、学校办公室	以报表形式显示对应实体的所有记录	输入各数据对应的英文名称	根据单击的实体,系统调用相关实体,进行统计处理,生成报表	打印报表	是
12	实现管理用户、密码功能	系统管理员	管理登录系统账号的建立、密码的修改	输入账号与密码	新建账号、密码与维护账号、密码	显示提示信息	是
13	实现系统基本信息维护	人事处、教务处、学生处	增加、修改、删除学院、专业、班级、教师、民族等基本信息	输入基本信息	存入"基本信息"实体	基本信息存储在数据库中	是

2. 性能设计检查列表

性能设计检查列表(check-up list of performance design)如表 3-16 所示。

表 3-16　性能设计检查列表

编号	性能名称	使用部门	性能描述	输入	系统响应	输出	是否覆盖
1	检查资料的规范性	学生处、教务处、财务处	检测录入、修改、删除所有输入资料的正确性	输入各种信息	在 0.1s 内对资料进行检查	输出信息是否符合规范	是

续表

编号	性能名称	使用部门	性能描述	输　入	系统响应	输　　出	是否覆盖
2	资料录入、修改、删除数据库	学生处、教务处、财务处	在数据库中录入、修改、删除对应的资料	输入录入、修改、删除的信息	在 0.5s 内对数据进行录入、修改、删除，并输出提示信息	输出提示信息	是
3	资料查询	学生处、教务处、学校办公室	在数据库中查找需要的内容	输入需要检索的信息	在 3s 内列出所有符合要求的记录	输出符合要求的记录	是
4	报表输出	学生处、教务处、财务处、学校办公室	用报表形式显示出数据库中所有记录	输入各数据表对应的英文名称	在 10s 内显示出所有数据库中的记录	输出需要的报表	是

3.4.3　设计模型

1. 概念数据模型 CDM 设计

数据库设计是数据库应用开发周期中的一个重要阶段，也是工作量比较大的一项工作。随着现代软件的发展，手工分析方式已经很难满足数据库系统分析的要求，必须借助相应的工具，如 Power Designer。在开发"学生管理信息系统"时，我们先用 Power Designer 建立系统的概念数据模型 CDM，最后转化为物理数据模型 PDM，直到生成具体的物理数据库表。

如图 3-15 所示是"学生管理信息系统"的实体—关系简图。

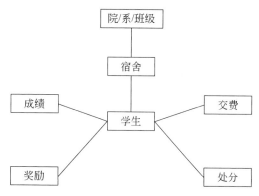

图 3-15　"学生管理信息系统"实体—关系简图

2. 物理数据模型 PDM 设计

表与字段分析是建立在实体—关系图基础上的。表与字段分析后就可以利用 Power Designer 建立物理数据模型 PDM 了。以图 3-12 中的"学生管理信息系统"实体—关系为基础，可以设计表字段，然后建立物理数据模型 PDM。当然，如果是使用 Power Designer 设计 CDM，则可以使用 Power Designer 自带的工具产生表与字段，并建立 PDM。此外，ERwin 4.0 也可以实现这个功能。对于比较复杂的数据库，要使用 Case 工具进行表与字段设计,这样可以达到减轻工作量并提高设计质量的目的。

3.4.4 软件建模

1. UML 的概念模型

统一建模语言 UML 是一种可视化的图形符号建模语言,利用它可以进行需求分析、概要设计、详细设计、编程实现、项目计划、测试、原型迭代、产品发布和产品维护。理解 UML 的建模元素,关键是要学习它的三个要素:

- UML 中面向对象的基本"构造块"。
- 支配这些构造块放在一起建模的 UML"规则"。
- 运用于整个 UML 的"公共机制"。

通俗地讲,"构造块"就是 UML 建模的积木块;"规则"就是 UML 建模的黏合剂;"公共机制"就是 UML 模型的图纸说明,它们都是 UML 建模的元素。由此可见,所谓 UML 建模,就是用黏合剂将积木块粘合起来,附以模型的图纸说明。

2. UML 的建模思想

UML 是一种用不同图形、从不同角度来描述系统的建模语言,尽管它的功能覆盖了整个软件开发生存周期,从需求分析、设计、实现、测试、实施、配置管理、维护直到环境部署,但是目前应用较多的还是需求分析与设计阶段的建模。UML 的建模思想也相当复杂,为了使复杂问题"简单化",我们从宏观和微观两个方面来观察与分析 UML 的建模思想,以求在宏观上摸清它的"纲",在微观上理清它的"目"。

UML 的宏观建模思想,表现在它的"9 个模型、9 种图、5 张视图"上面。对现实系统的一种简化与抽象,不同的模型是对同一个现实系统的不同映射;图是目标系统的投影;视图是体系结构的投影。由于大型软件系统的复杂性,很难用一个模型、一种图、一张视图来描述清楚,所以在 UML 中出现了这么多的模型、图和视图。当然,对于同一个软件系统,没有必要同时使用"9 个模型、9 种图、5 张视图",正确的原则是"精兵简政、实事求是、按需使用"。

9 个模型是:业务模型、领域模型、需求模型、分析模型、设计模型、过程模型、部署模型(也称实施模型)、实现模型和测试模型。读者可以从 9 个不同模型的角度来分析与设计软件系统,并给系统建模。

9 种图是:类图、对象图、用况图、顺序图、协作图、状态图、活动图、构件图、部署图(也称实施图)。读者可以从 9 种不同图的角度来分析与设计软件系统,并给系统建模。

5 张视图是:用况视图、设计视图、进程视图、实现视图和实施视图。读者可以从 5 张不同视图的角度来分析与设计软件系统,并给系统建模。

3. UML 模型的建模思想

软件建模包括三个模型,它们分别是指功能模型、业务模型和数据模型。

(1) 功能模型 FM(function model)描述系统能做什么,即对系统的功能、性能、接口和界面进行定义。

(2) 业务模型 OM(operation model)描述系统在何时、何地、由何角色、按什么业务规则去做,以及做的步骤或流程,即对系统的操作流程进行定义。

(3) 数据模型 DM(data model)描述系统工作前的数据来自何处,工作中的数据暂存什么地方,工作后的数据放到何处,以及这些数据之间的关联,即对系统的数据结构进行定义。

功能模型和业务模型在需求分析时建模,数据模型在设计时建模。通常,数据模型建模用 Power Designer、ERwin 或 Oracle Design 工具实现;功能模型用功能点列表示;业务模型用自然语言加上流程图表示。

三个模型建模思想的优点是:简单、直观、通俗、易懂、易学、易用,非常适合于关系数据库管理系统 RDBMS 支持的信息系统。当三个模型建好之后,在这三个模型的支持下,运用强大的面向对象编程语言,以及软件组织内部的类库、构件库等财富,软件开发在技术上就能顺利实现。

三个模型建模思想的缺点是:功能模型和业务模型的表示方法,目前还没有合适的工具,所以不够严谨和规范。

任务 3.5　实 验 实 训

1. **实训目的**

(1)培养学生运用所学软件项目概要设计的理论知识和技能,分析解决实际应用问题的能力。

(2)培养学生调查研究,查阅技术文献资料的能力,达到系统设计资料规范、全面的要求。

(3)通过实训,理解结构化的软件设计方法和面向对象软件的设计方法。

(4)掌握数据库的设计方法,UML 建模方法,以及概念数据模型设计和物理数据模型设计的相互转化。

2. **实训要求**

(1)实训要求根据项目的需求分析对系统的结构、接口、模块等进行设计。针对实训内容,认真复习与本次实训有关的知识,完成实训内容的预习准备工作。

(2)能认真、独立地完成实训内容。

(3)实训后根据设计结果产生系统设计报告。

3. **实训学时**

8 学时。

4. **实训项目:教师管理信息系统**

(1)本系统包括教师基本信息管理、教师授课管理、教师考勤管理、教师工资管理等基本功能。

(2)设计教师管理信息系统各模块之间的关系图。

(3)设计教师管理信息系统的数据结构,包括表名清单、各模块所用的数据表、数据库表之间的关系等。

(4)设计教师基本信息管理模块的概念数据模型 CDM 和物理数据模型 PDM。

小　　结

本项目讲述了软件项目的概要设计过程。软件设计是软件项目开发过程的核心,是将需求规格转化为一个软件实现方案的过程。该部分介绍了概要设计的方法,主要从结构化和面向对象两个角度介绍设计方法。设计模型主要包括概念数据模型设计、物理数据模型设计、创建数据库和创建数据表等。采用 UML 建模方法。设计中提倡复用原则,应用框架可以提供很多好的复用基础,好的框架结构可以提高开发效率,提高产品的质量。

习　　题

1. 选择题

(1) 系统开发的命名规则是(　　)。

　　A. 变量名只能由大小写英文字母、"_"以及阿拉伯数字组成

　　B. 名称的第一个字符必须是英文字母或数字

　　C. 全局变量、局部变量的命名必须用英文字母简写来命名

　　D. 数据库表名、字段名等命名应尽量体现数据库、字段的功能

(2) 面向事务设计方法首先确定主要的(　　),然后逐层详细描述各个状态的(　　)。

　　A. 转化过程　　　　　　　　　　B. 状态变化

　　C. 状态分类　　　　　　　　　　D. 转化变化

(3) 使用面向对象的设计方法在进行对象分析和设计时的步骤是(　　)。

　　A. 识别对象　　　　　　　　　　B. 确定操作

　　C. 定义操作　　　　　　　　　　D. 确定对象之间的通信

　　E. 完成对象定义

(4) 软件建模的三个模型是:(　　)描述系统能做什么;(　　)描述系统在何时、何地、由何角色、按什么业务规则去做,以及做的步骤或流程;(　　)描述系统工作前的数据来自何处,工作中的数据暂存什么地方,工作后的数据放到何处,以及这些数据之间的关联。

　　A. 设计模型　　　B. 数据模型　　　C. 功能模型　　　　D. 性能模型

　　E. 用例模型　　　F. 业务模型

2. 填空题

(1) 总体设计的主要任务是根据用户需求分析阶段得到的目标系统的物理模型确定一个合理的软件系统体系结构_____。

(2) 面向数据流设计的目标是给出设计软件结构的一个_____。根据数据流,采用_____的设计方法,按照系统的层次结构进行逐步分解,并以分层的_____反映这种结

构关系。

（3）面向对象的设计将面向对象分析方法建立的_____转化为构造软件的设计模型。

（4）UML 是统一建模语言的缩写，它是一种_____建模语言，利用它可以进行需求分析、_____、_____、编程实现、项目计划、测试、原型迭代、产品发布和产品维护。

项目4 软件项目的详细设计

【学习目标】

- 通过本项目的学习,能够使读者了解到软件项目详细设计的概念和方法。
- 了解概要设计与详细设计两者之间的差异。
- 掌握面向对象的详细设计方法。

概要设计完成了软件系统的总体设计,规定了各个模块的功能及模块之间的联系,进一步就要考虑实现各个模块规定的功能。从软件开发的工程化观点来看,在使用程序设计语言编制程序以前,需要对所采用算法的逻辑关系进行分析,设计出全部必要的过程细节,并给予清晰的表达,使之成为编码的依据。

任务 4.1 系统详细设计的基本内容

项目3讲述了软件的概要设计,概要设计给出了项目的一个总体实现结构,在将概要设计变为代码过程中可以增加一个阶段,即详细设计阶段,它是进行详细模块设计的过程,这个过程将概要设计的框架内容具体化、细致化,对数据处理中的顺序、选择、循环这三种控制结构,用伪语言(如 if...endif, case...endcase, do...enddo)或程序流程图表示出来。详细设计的目标是构造一个高内聚、低耦合的软件模型。

4.1.1 详细设计概述

软件系统的总体设计规定了各个模块的功能及模块之间的联系,进一步就要考虑实现各模块规定的功能。从软件开发的工程化观点来看,在使用程序设计语言编制程序以前,需要对所采用算法的逻辑关系进行分析,设计出全部必要的过程细节,并给予清晰的表达,使之成为编码的依据。

详细设计也叫作程序设计,它不同于编码或编制程序。在详细设计阶段,要决定各个模块的实现方法,并精确地表达这些算法。变成涉及所开发项目的具体要求和对每个模块规定的功能,以及算法的设计和评价。详细设计需要给出适当的算法描述,为此应当提供详细的表达工具。

在理想状态下,算法过程描述应采用自然语言来表达,是不熟悉软件的人理解这些规格比较容易。但是,自然语言在语法和语义上往往具有多义性,因此,必须使用约束性更强的方式来表达过程细节。

表达过程规格说明的工具叫作详细设计工具,它可以分为3类:

(1) 图形工具。把过程的细节用图形方式描述出来。

（2）表格工具。用一张表来表达过程细节。这张表列出了各种可能的操作及其相应条件，也就是描述了输入、处理和输出信息。

（3）语言工具。用某种高级语言（伪码）来描述过程细节。

4.1.2　详细设计的基本任务

详细设计过程中需要完成的工作主要是确定软件各个组成部分的算法以及各部分的内部数据结构确定各个组成部分的逻辑过程。此外，还要做以下工作。

1．处理方式的设计

（1）数据结构设计。对于需求分析、总体设计确定的概念性的数据类型进行确切的定义。

（2）算法设计。用某种图形、表格、语言等工具将每个模块处理过程的详细算法描述出来，并为实现软件的功能需求确定所必需的算法，评估算法的性能。

（3）性能设计。为满足软件系统的性能需求确定所必需的算法和模块间的控制方式。性能主要有以下 4 个指标。

① 周转时间：一旦向计算机发出处理的请求后，从输入开始，经过处理查询输出结果为止的整个时间。

② 响应时间：用户执行一次输入操作之后到系统输出结果的时间间隔，一般在系统设计中采用一般操作响应时间和特殊操作响应时间来衡量。

③ 吞吐量：单位时间内能够处理的数据量叫作吞吐量，这是标识系统能力的指标。

④ 收发方式确定外部信号的接收发送方式。

2．物理设计

对数据库进行物理设计，也就是确定数据库的物理结构。物理结构主要是指数据库存储记录的格式、存储记录安排和存储方法，这些都依赖于具体所使用的数据库系统。

3．可靠性设计

可靠性设计也叫质量设计。在使用计算机的过程中，可靠性是很重要的。可靠性不高的软件会使得运行结果不能使用而造成严重损失。软件可靠性，简言之是指程序和文档中的错误少。软件可靠性和硬件不同，软件越使用可靠性就越高。但在运行过程中，为了适应环境的变化和用户新的要求，需要经常对软件进行改造和修正，这就是软件的维护。由于软件的维护经常产生新的故障，所以要求在软件开发期间应尽早找出差距，并在软件开发一开始就要明确其可靠性和其他质量标准。

4．其他设计

根据软件系统的类型，还可能要进行以下设计。

（1）代码设计：为了提高数据的输入、分类、存储及检索等操作的效率，以及节约内存空间，对数据库中的某些数据项的值进行代码设计。

（2）输入/输出格式设计：针对各个功能，根据界面设计风格，设计各类界面的式样。

（3）人机对话设计：对于一个实时系统，用户与计算机频繁对话，因此要进行对话方式内容及格式的具体设计。

5．编写详细设计说明书

详细设计说明书有下列主要内容。

(1) 引言。包括编写目的、背景、定义、参考资料。

(2) 程序系统的组织结构。(略)

(3) 程序 1(标识符)设计说明。包括功能、性能、输入、输出、算法、流程逻辑、接口。

(4) 程序 2(标识符)设计说明。(略)

(5) 程序 N(标识符)设计说明。(略)

6. 详细设计的评审

概要设计阶段是以比较抽象概括的方式提出了解决问题的办法;而详细设计阶段的任务,是将解决问题的办法进行具体化。详细设计主要是针对程序开发部分来说的,但这个阶段不是真正编写程序,而是设计出程序的详细规格说明。

详细设计是将概要设计的框架内容具体化、明细化,将概要设计转化为可以操作的软件模型。

4.1.3 详细设计的方法

详细设计首先要对系统的模块做概要性的说明,设计详细的算法、每个模块之间的关系以及如何实现算法等部分,主要包括模块描述、算法描述、数据描述。

模块描述:描述模块的功能以及需要解决的问题,这个模块在什么时候可以被调用,为什么需要这个模块。

算法描述:确定模块存在的必要性之后,需要确定实现这个模块的算法,描述模块中的每个算法,包括公式、边界和特殊条件,甚至包括参考资料、引用的出处等。

数据描述:详细设计应该描述模块内部的数据流。对于面向对象的模块,主要描述对象之间的关系。

1. 传统的详细设计方法

传统的用来表达详细设计的工具主要包括图形工具(程序流程图)、表格工具(判定表)、语言工具(PDL)等。

(1) 图形符号的设计方式

流程图(flowchart)是用图形化的方式,表示程序中一系列的操作以及执行的顺序。其表示元素如表 4-1 所示。

表 4-1　流程图的表示元素

名　称	图　例	说　明
终结符		表示流程的开始和结束
处理		表示程序的计算步骤或处理过程,在方框内填写处理的名称或程序语句
判断		表示逻辑判断或分支,用于决定执行后续的路径,在菱形框内填写判断的条件
输入/输出		获取待处理的信息(输入),记录或显示已处理的信息(输出)
连线		连接其他符号,表示执行顺序或数据流向

常见的流程图结构如图 4-1 所示。

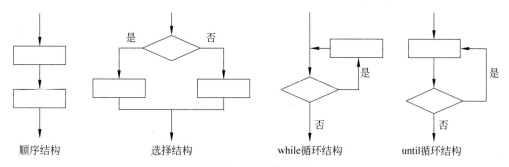

图 4-1　流程图的结构

例如,使用流程图描述如何打印 N!,如图 4-2 所示。

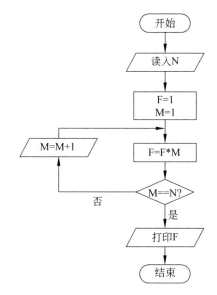

图 4-2　N! 的流程图

（2）表格的设计方式

在很多的软件应用中,一个模块需要对一些条件和基于这些条件下的任务进行一个复杂的组合。而决策表(decision table)提供了将条件及其相关的任务组合为表格的一种表达方式。表 4-2 是一个关于三角形的应用系统的决策表,其中的左上区域列出了所有的条件,左下区域列出了基于这些条件组合对应的任务,右边区域是根据条件组合而对应的任务的一个矩阵表。矩阵的每个列可以对应应用系统中的一个处理规则。

表 4-2　三角形的应用系统的决策表

条　　件	规则 1	规则 2	规则 3	规则 4	规则 5	规则 6
C1：a、b、c 构成三角形	N	Y	Y	Y	Y	Y
C2：a＝b?		Y	Y	N	Y	N
C3：a＝c?		Y	Y	Y	N	N
C4：b＝c?		Y	N	Y	N	N

条　　件	规则1	规则2	规则3	规则4	规则5	规则6
动　　作	处理1	处理2	处理3	处理4	处理5	处理6
A1：非三角形	X					
A2：不等边三角形						X
A3：等腰三角形					X	
A4：等边三角形		X				
A5：不可能			X	X		

注：Y表示条件为真，X表示条件为假。动作表示满足上述条件后会得出结论，用X表示。

（3）程序设计语言

程序设计语言(program design language)，也称为结构化英语或者伪代码，它使用结构化编程语言的风格描述程序算法，但不遵循特定编程语言的语法。程序设计语允许用户在比源代码更高的层次上进行设计，通常省略与算法无关的细节。

例如，使用PDL描述打印$N!$。

```
读入 N
置 F 的值为 1,置 M 的值为 1
当 M<=N 时,执行:
    使 F=F*M
    使 M=M+1
打印 F
```

2. 面向对象的详细设计

面向对象的详细设计从概要设计的对象和类开始，同时对它们进行完善和修改，以便包含更多的信息项。详细设计阶段同时要说明每个对象的接口，规定每个操作的操作符号，对象的命名，每个对象的参数，方法的返回值。详细设计还要考虑系统的性能和空间要求等。

（1）算法和数据结构的设计

算法是设计对象中每个方法的实现规格。当方法（操作）比较复杂的时候，算法实现可能需要模块化。

数据结构的设计与算法是同时进行的，因为这个方法（操作）要对类的属性进行处理。方法（操作）对数据进行的处理有很多类，主要包括三类：对数据的维护操作（如增、删、改等）；对数据进行计算；监控对象事件。

（2）模块和接口

决定软件设计质量非常重要的一个方面是模块，所有模块最后组成了一个完整的程序。面向对象方法将对象定义为模块，当然对这个对象也可以将其中复杂的部分进行再模块化，同时我们还要定义对象之间的接口和对象的总结构。模块和接口设计应当用类似编程语言的方式表达出来。

例如，图4-3是手工结账单，在软件应用系统中，需要有一个屏幕界面来完成这个功能，为了完成这个功能，需要包含更多的类，如图4-4所示。

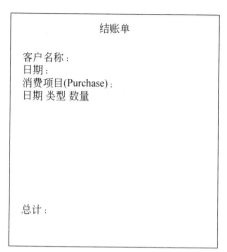

结账单

客户名称：
日期：
消费项目(Purchase)：
日期 类型 数量

总计：

图 4-3 手工结账单

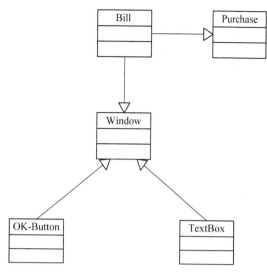

图 4-4 结账界面的设计

任务 4.2 系统详细设计方案

详细设计注重于微观上和框架内的设计,它是各子系统的公用部件实现设计、专业部件实现设计、存储过程实现设计、触发器实现设计、外部接口实现设计、部门角色授权设计、其他详细设计等,需要覆盖《概要设计说明书》的全部内容。

(1) 公用模块设计。公用模块是能被各个子系统调用的模块,或是集多个功能于一身的模块,所以在设计时需要特别注意该模块的入口参数、出口参数和异常处理,对入口参数、出口参数应该设计一个比较严格的算法,来保证入口参数及出口参数的准确性。若入口参数或出口参数不符合该算法的要求,则应马上拒绝进入公用模块或拒绝离开公用模块,提示用户重新输入。另外,异常处理也需要特别注意,由于能被多个子系统调用,出现错误的机会也大大增加,所以设计异常处理时要考虑周全。

在本系统的公用模块中,如学生基本信息录入、修改、删除模块中,用户输入的入口参数(学号)必须经过系统先检查该参数的合法性,然后再查找数据库中是否存在该参数,如果确实存在,才允许用户修改或删除该资料,否则提示出错信息,让用户重新输入。

(2) 专用模块设计。专用模块是只能被所在的子系统调用的模块,或功能相对比较集中的模块,所以设计专用模块时的注意力,应该转移到如何实现该模块的功能上去,而对于入口参数、出口参数,只需要提供一个比较稳定、简单的算法去检查就可以了。对于异常处理,需要看实际情况来决定异常处理算法的严谨性。

专用模块一般是功能比较强大或要求比较特殊的模块,设计它本身的算法时,需要特别注意,要考虑如何提高其运算速度、提高稳定性和加强安全性等问题。本系统的所有专用模块全部加入数据库防注入代码,查找算法采用二分查找算法,利用存储过程进行数据录入,并在一些地方适当地降低范式、增加冗余,这样做虽然会牺牲一些空间,但会大大提高运行效率。

(3) 存储过程设计。存储过程是一种特殊的公用模块,它是一组为了完成特定功能的SQL 语句集,经编译后存储在数据库服务器上。经过对实践经验的总结,存储过程有如下4 大优点。

① 存储过程允许标准组件式编程。

创建的存储过程可以在以后的程序中多次调用,而不必重新编写该存储过程的 SQL 语句。而且数据库专业人员可随时对存储过程进行修改,但它对应用程序源代码毫无影响(因为应用程序源代码只包含存储过程的调用语句),从而极大地提高了程序的可移植性。

② 存储过程能够实现较快的执行速度。

如果某一操作包含大量的 SQL 语句或被多次执行,那么存储过程要比批处理的执行速度快很多。因为存储过程是预编译的,在首次运行一个存储过程时,查询优化器对其进行分析优化,并给出最终存放在系统表中的执行计划。而批处理的 SQL 语句在每次运行时都要进行编译和优化,因此速度相对要慢些。一般情况下,用存储过程执行大量 SQL 语句,比直接执行 SQL 语句速度大约快 10％以上。

③ 存储过程能够减少网络流量。

对于同一个针对数据数据库对象的操作(如查询、修改),如果这一操作所涉及的 SQL 语句被组织成一个存储过程,那么当在客户计算机上调用存储过程时,网络中传送的只是该调用语句,否则将要传送多条 SQL 语句,从而大大增加了网络流量,降低了网络负载。

④ 存储过程可被作为一种安全机制来充分利用。

系统管理员通过对执行某一存储过程的权限进行限制,能够实现对相应数据访问权限的限制,避免非授权用户对数据的访问,保证数据的安全。

所以,利用存储过程可以大大提高系统和数据库的运行效率及安全性,应该将存储过程取代触发器,广泛应用于数据库中。

(4) 另外,还有角色授权设计及详细设计检查。

最后,详细设计需要注意的是,按照概要设计文档的功能、性能列表,设计出详细设计检查列表,检查详细设计的各功能、性能是否覆盖概要设计文档,如果发现没有覆盖或覆盖得不够全面,都要将该项列为不符合项,重新进行设计,并列出检查结果。

4.2.1 对象模型

从数据库建模的角度考虑,按照问题域的划分,将模块分为学生、课程、成绩、教师、注册、新闻六个子模块。以课程子模块为例,首先通过对课程管理问题域进行分析,确定用户、管理员、学生、教师、课程管理、课程更新、课程选择、通知管理、通知发布、作业批改、作业提交、作业管理十二个类。

类"用户"的属性:有用户名称、密码、信箱、备注等,以用户名称为对象标识符。

类"管理员"的属性:有管理员名称、密码、备注等,以管理员名称为对象标识符。

类"学生"的属性:有学号、姓名、性别、出生日期、身份证号、籍贯、民族、政治面貌、健康状况、入学方式、学籍状态、学生来源、来源地区、家庭地址、家庭邮编、家庭电话、入学总分、原学校名称、备注等,以学号为对象标识符。

类"教师"的属性:有教师编号、姓名、性别、出生日期、工作证号、身份证号、参加工作时间、籍贯、民族、政治而貌、学历、职称、教研室编号、聘任情况、婚姻状况、家庭住址、家庭邮编、家庭电话、备注等，以教师编号为对象标识符。

类"课程管理"的属性：有课程编号、课程名称、课程英文名称、主要内容、适用专业、先修课程、教研室编号、备注等，以课程编号为对象标识符。

类"课程更新"的属性：有原课程编号、新课程编号、教师编号、学期、课程名、教师名、总学时、学分、备注等，以课程更新编号为对象标识符。

类"课程选择"的属性：有课程编号、专业方向、学期、课程类别、考试类别、考试方式、学分、总学时、讲课学时、上机学时、实验学时、课程设计周数、课程设计上机学时、生产实习周数、教学实习周数、毕业设计周数、备注等，以专业、学期和课程编号为对象标识符。

类"通知管理"的属性：有通知编号、通知标题、通知分类、通知时间、备注等，以通知编号为对象标识符。

类"通知发布"的属性：有通知编号、通知标题、通知内容、通知发布时间、备注等，以通知编号为对象标识符。

类"作业提交"的属性：有学号、开设课程编号、作业内容、作业时间、备注等，以学号、开设课程编号为对象标识符。

类"作业批改"的属性：有作业编号、开设课程编号、作业内容、批改时间、备注等，以作业编号为对象标识符。

类"作业管理"的属性：有学号、开设课程编号、作业编号，作业时间、作业成绩以学号和作业编号为对象标识符。

这些类之间分别存在关联、聚合等联系。图 4-5 给出了课程管理子模块类图。

用同样方法可以得到其他子模块。学生子模块中有类学生基本信息、注册信息、简历信息、体检信息、军训信息、入学成绩、奖励信息、处分信息、家庭信息、学籍变动信息、毕业信息、毕业学生等。

成绩子模块中有类学生成绩、课程、教学计划、专业方向学年学期、学生基本信息等。

教师子模块中有类教师基本信息、技术职务、学历信息、工作量汇总、专利信息、考核信息、简历信息、进修信息、论著信息、惩处信息、科研信息、奖励信息、教研室等。

注册子模块中有学生入学信息、学生基本信息、院系专业方向、专业方向学年学期、审核历史记录等。

新闻子模块新闻基本信息、新闻内容、新闻基本管理、新闻访问管理等。

以上子模块中，类之间都存在关联、聚合等联系。

4.2.2　对象模型映射为关系模型

在数据库中，一个关系就是一张二维表格，在数据库表设计中按照设计类的思想完成，即每一个表所代表的是一个公共的实体类，这样在开发过程中可以根据实际需求对数据表进行扩展和维护，将数据库和程序联系起来，更利于今后的开发。表 4-3 为根据需求在系统数据库中要使用的基本表的一部分。

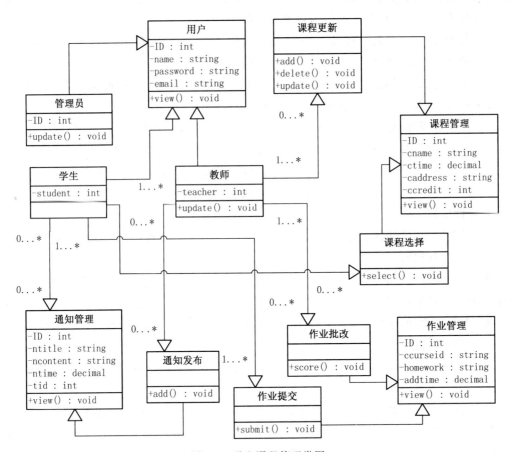

图 4-5　学生课程管理类图

表 4-3　系统中的基本表

序号	中文表名	英 文 表 名	表功能说明	序号
1	用户登录	login	存放用户的账户、密码、权限	1
2	学生	student	存放学生的资料	2
3	宿舍	room	存放宿舍的基本信息	3
4	院/系/班级	department	存放学院班级的基本信息	4
5	奖励	encourage	存放各种奖励信息	5
6	处分	punish	存放各种处分信息	6
7	交费	cost	存放学生交费的资料	7
8	成绩	score	存放学生考试成绩的资料,以及学生与课程之间的基本表	8

表 4-4～表 4-6 给出了一些重要表的结构。

表 4-4　student 信息表

序号	字段中文名	字段英文名	类型、宽度、精度	允许空	主键/外键
1	学号	StuId	Char(10)		主键
2	姓名	StuName	Char(10)		
3	性别	Sex	Char(2)		
4	出生日期	Birthday	Datatime(8)		
5	民族	Nation	Char(8)		
6	学院	College	Char(30)		
7	专业	Specialty	Char(30)		
8	班级	Class	Char(30)		
9	班主任	Teacher	Char(10)		
10	入学年份	Inyear	Char(6)		
11	联系电话	Phone	Char(20)		
12	身份证号	StatusID	Char(18)		
13	电子邮箱	Email	Varchar(50)	允许	
14	家长姓名	HouseName	Char(20)		
15	家长电话	HousePhone	Char(20)		
16	联系地址	HouseAddress	Varchar(50)		
17	邮政编码	PostCode	Varchar(50)	允许	
18	备注	Memo	Varchar(60)	允许	
19	相片	Image	Image	允许	

表 4-5　news 基本信息表

序号	字段中文名	字段英文名	类型、宽度、精度	允许空	主键/外键
1	新闻 ID	NewsID	Int(10)	NO	主键
2	新闻标题	NewsTit	VarChar (100)	NO	
3	新闻内容	NewsCon	TEXT	NO	
4	新闻作者	Author	VarChar(20)	YES	
5	发布时间	NewsTime	DateTime	YES	

表 4-6　department 表

序号	字段中文名	字段英文名	类型、宽度、精度	允许空	主键/外键
1	学号	Id	Char(10)		主键
2	姓名	Name	Char(10)		
3	院系	DepId	Char(10)		主键
4	班级	Class	Char(80)		

任务 4.3 用户界面设计

4.3.1 用户界面设计的特点

用户界面设计的一条总原则是：以人为本，以用户的体验为准绳。一个好的用户界面应具有以下特性：可使用性、灵活性、界面的复杂性和可靠性。

1. 可使用性

用户界面的可使用性是用户设计最重要的目标，它包括以下内容。

（1）使用的简单性。这要求用户界面能够很方便地处理各种基本对话。例如问题的输入格式应该使用户易于理解，附加的信息量少；能直接处理指定磁性媒体上的信息和数据，且自动化程度高；操作比较简便；能按用户要求的表格或图形输出或把计算结果反馈到用户指定的媒体上。

（2）用户界面中的术语标准化和一致性。要求：所有专业术语都应标准化；软件技术用语应符合软件工程规范；应用领域的术语应符合软件面向专业的专业标准；在输入/输出说明中，同意术语的含义完全一致。

（3）拥有 HTML 帮助功能。用户应能从 HTML 功能中获知软件系统的所有规格说明和各种操作命令的用法，HTML 功能应能联机调用，在任意时间、任何位置上为用户提供帮助信息。这种信息可以是综述性信息，也可以是与所在位置上下文有关的针对性信息。

（4）快速的系统响应和低的系统成本。在与较多的硬件设备和其他软件系统联结时，会引入较大的系统开销。好的用户界面应在此情况下有较快的响应速度和较小的系统开销。

（5）用户界面应具有容错能力、错误诊断功能。应能检查错误并提供清楚、易理解的报错信息，包括出错位置、出错原因、修改错误的提示或建议等；修正错误的能力；出错保护，用以防止用户得到他不想要的结果。

2. 灵活性

（1）算法的可隐可显性。考虑到用户的特点、能力、知识水平，应当使用户接口能够满足不同的用户的要求。因此，对不同的用户，应有不同的界面形式，但不同的界面形式不应影响人物的完成。用户的任务只应与用户的目标有关，而与界面方式无关。

（2）用户可以根据需要制定和修改界面方式。在需要修改和扩充系统功能的情形下，能够提供动态的对话方式，如修改命令、设置动态的菜单等。

（3）系统能够按照用户的希望和需求，提供不同详细程度的系统响应信息，包括反馈信息、提示信息、帮助信息、出错信息等。

（4）与其他软件系统应有标准的界面。为了使得用户界面具有一定的灵活性，需要付出一定的代价。这要求系统的设计更加复杂，而且有可能降低软件系统的运行效率。

3. 界面的复杂性和可靠性

（1）用户界面的复杂性：用户界面的规模和组织的复杂程度就是界面的复杂性。在完成预定功能的前提下，应当使得用户界面越简单越好。但也不是把所有功能和界面安排成线性序列就一定简单。例如,系统有 64 种功能,安排成线性序列,有 64 种界面,用户不得不记忆大量的单一的命令,比较难于使用。但是,可以把系统的功能和界面按其相关性质和重要性进行逻辑划分,组织成树形结构,把相关的命令放在同一分支上。

(2) 用户界面的可靠性:用户界面的可靠性是指无故障使用的间隔时间。用户界面应能保证用户正确、可靠地使用系统,保证有关程序和数据的安全性。

4.3.2　用户界面设计的基本类型和基本原则

1. 用户界面设计的基本类型

如果从用户与计算机交互的角度来看,用户界面设计的类型主要有问题描述语言、数据表格、图形与图标、菜单、对话及窗口等。每一种类型都有不同的特点和性能。因此在选用界面形式的时候,应当考虑每种类型的优点和限制。通常,一个界面的设计使用了一种以上的设计类型,每种类型与一个或一组任务相匹配。

2. 用户界面设计的基本原则

在设计阶段,除了设计算法、数据结构等内容外,一个很重要的部分就是系统界面的设计。系统界面是人机交互的接口,包括人如何命令以及系统如何向用户提交信息。一个设计良好的用户界面使得用户更容易掌握系统,从而增加用户对系统的接受程度。此外,系统用户界面直接影响了用户在使用系统时的情绪,下面的一些情形无疑会使用户感到厌倦和茫然。

- 过于花哨的界面,使用户难以理解其具体含义,不知从何入手。
- 模棱两可的提示。
- 长时间(超过 10 秒)的反应时间。
- 额外的操作(用户本意是只做这件事情,但是系统除了完成这件事之外,还做了另外的事情)。

与之相反,一个成功的用户界面必然是以用户为中心的、集成的和互动的。

尽管目前图形用户界面(graphical user interface,GUI)已经被广泛地采用,并且有很多界面设计工具的支持,但是,由于上述的这些问题,在系统开发过程中应该将界面设计放在相当重要的位置上。

(1) 描述人和他们的任务脚本。对人员分类之后,确定每一类人员的特征,包括使用系统的目的、特征(年龄、教育水平、限制等)、对系统的期望(必须/想要,喜欢/不喜欢/有偏见)、熟练程度、适用系统的任务脚本(scenario)。依据这些特征,可以知道系统的人机交互设计。

(2) 设计命令层。命令层的设计包括三个方面的工作,即研究现有的用户交互活动的寓意和准则;建立一个初始化的命令层;细化命令层。

在图形用户的界面的设计过程中,已经形成了一些形式的或非形式的准则和寓意,如菜单排列(例如,在几乎所有的微软 Windows 应用系统中,前三个一级菜单项目总是"文件""编辑""视图",而最后两个则是"窗口""帮助"),一些操作(例如,打开文件、保存文件、打印)的图标等。遵循这些准则,便于用户更快地熟悉系统。

在细化命令层时,需要考虑排列,整体与部分的组合、宽度与深度的对比、最小操作步骤等问题。一个层次太"深"的命令项目会让用户难以发现,而太多命令项目则使用户难以掌握。

（3）涉及详细的交互。人机交互的设计有若干准则，包括以下内容。

① 保持一致性。采用一致术语、一致的步骤和一致的活动。

② 操作步骤少，使敲击键盘和单击鼠标的次数减到最少。

③ 不要"哑播放"，长时间的操作需要提示用户工作进展的状况。

④ 撤销。人难免做错事，通常在这种状况下系统应该支持恢复原状，或者至少进行部分的支持。

⑤ 减少人脑的记忆负担，不应该要求人从一个窗口记忆或者写下一些信息，然后在另一个窗口中使用。

⑥ 增加学习的时间和效果，为更多的高级特性提供联机参考信息。

⑦ 增加趣味和吸引力，人们通常喜欢使用那些感到有趣的软件。

（4）继续做原型。通过做原型系统，可以直接了解用户对设计界面的反应，然后进行改善，使之臻于完美。

（5）设计用户界面类。在完成上面的工作后，就可以着手设计用户界面类。在开发GUI程序时，通常已经提供了一系列通用界面类，如窗口、按钮、菜单等，只要从这些类派生特定的子类即可。

（6）根据图形用户界面进行设计。目前主要的 GUI 包括 Windows、Macintosh、X-Windows、Motif 等，基于它们开发应用软件可以使界面的设计简单化，但是事先要清楚其特性，如事件处理方式等。

4.3.3 案例分析

以下是学生管理信息系统的主要界面，具体包括：用户登录，主窗体，学生信息录入，学生成绩录入，学生学籍变更，学生奖励及处罚等界面。

（1）学生管理信息系统的登录界面如图4-6所示。

登录界面需要设置两个入口，即管理员入口和学生入口，其中，管理员需要输入正确的密码进行管理；学生入口不需要密码，直接登录即可，同时学生只能对信息进行浏览，不能更改。

（2）学生管理信息系统主窗体界面如图4-7所示。

图 4-6　登录界面

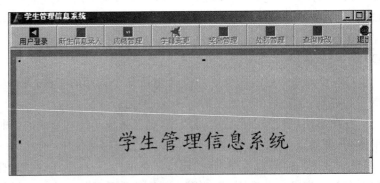

图 4-7　学生管理信息系统主窗体

成功登录学生管理信息系统后,进入其主窗体,主要通过"用户登录""新生信息录入""成绩管理""学籍变更""奖励管理""处罚管理""查询修改"和"退出"几个菜单来进行信息录入。

（3）学生管理系统的学生信息录入界面如图 4-8 所示。

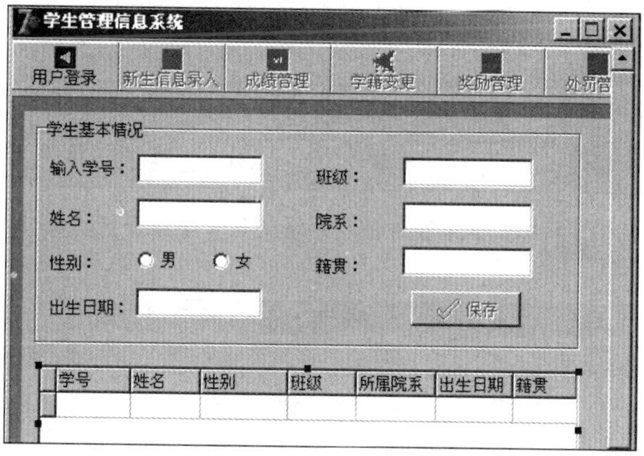

图 4-8　学生管理系统学生信息录入界面

管理员通过学生信息录入界面把学生的个人信息录入,通过后台数据库与"学生基本信息表"链接,每录入一条信息,需要"保存"其录入信息。

（4）学生管理信息系统学生成绩录入界面如图 4-9 所示。

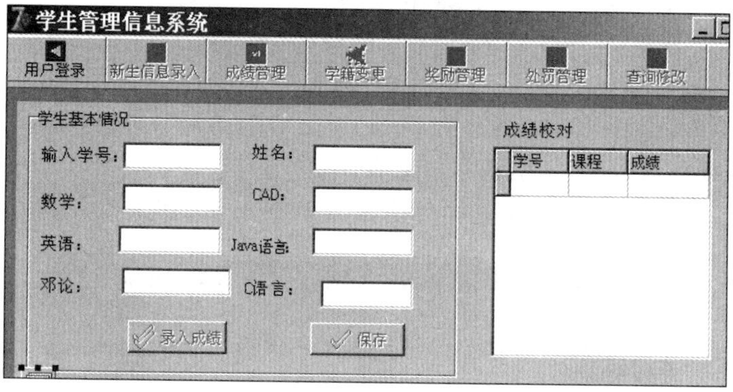

图 4-9　学生管理信息系统学生成绩录入界面

对于成绩管理界面,需要管理员在"学生基本情况"一栏录入学生学号、姓名和各门课的成绩,信息录入成功并保存后,这些数据会通过后台数据库保存到"学生成绩表"中。对于不同的年级、院系和专业,其课程设置也是不一样的,这需要管理员及时管理更新课程的信息。

成绩管理界面右侧的"成绩校对"一栏用于显示该学生的学号、课程和成绩,可以通过视图来选取其中的信息。

（5）学生管理信息系统的学生学籍变更界面如图 4-10 所示。

学籍变更界面需要加入变更描述、变更后的信息和变更时间等信息,添加成功后,学生的基本信息被更改,同时保存到后台数据库的"学生基本信息表"中。

（6）学生管理信息系统的学生奖励界面如图 4-11 所示。

学生奖励界面需要加入各种奖励选项,可以设置成单选按钮,同时加入奖励时间选项,

83

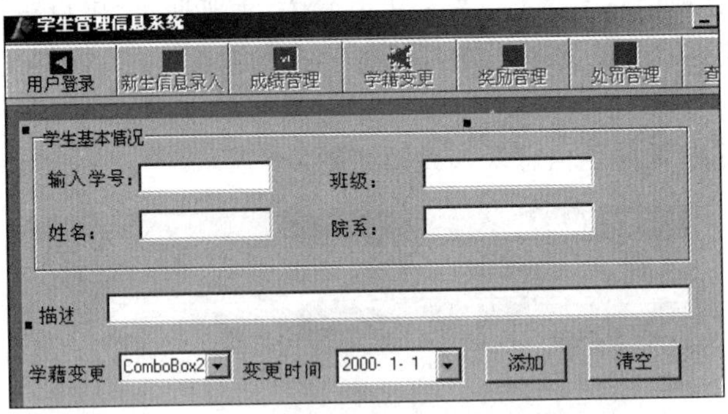

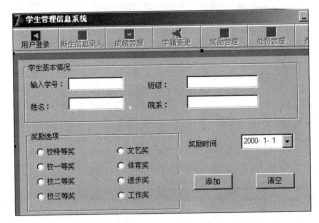

图 4-10　学生管理信息系统的学生学籍变更界面

图 4-11　学生管理信息系统的学生奖励界面

添加后的信息保存到后台的"学生基本信息表"中。

（7）学生管理信息系统的学生处罚界面如图 4-12 所示。

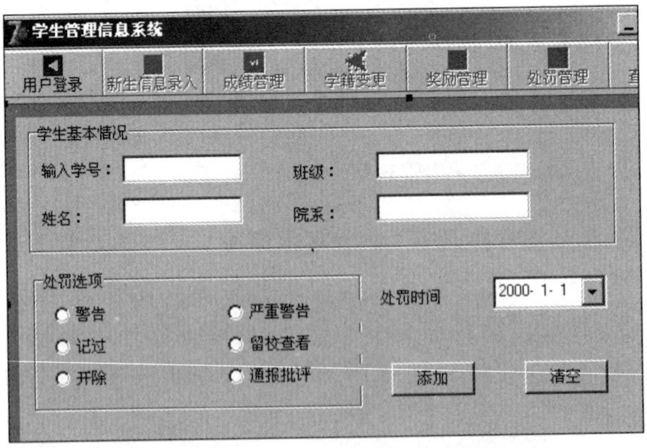

图 4-12　学生管理信息系统的学生处罚界面

学生处罚界面需要加入各种处罚选项，可以设置成单选按钮，同时加入处罚时间选项，添加后的信息保存到后台的"学生基本信息表"中。

任务 4.4　实 验 实 训

1. 实训目的

（1）培养学生运用所学软件项目进行系统详细设计的理论知识和技能，以及分析和解决实际应用问题的能力。

（2）培养学生进行调查研究、查阅技术文献资料的能力，达到详细设计资料规范、全面的要求。详细设计的详细程度，应达到可以编写程序的程度。

（3）通过实训，理解传统的详细设计方法和面向对象的详细设计方法。

（4）掌握数据库设计方法，以及系统功能流程图、用例图、类图的设计方法。

2. 实训要求

（1）实训要求在概要设计框架内容的基础上对系统的结构、接口、模块等进行设计。针对实训内容，认真复习与本次实训有关的知识，完成实训内容的预习准备工作。

（2）能认真独立地完成实训内容。

（3）实训后根据设计结果产生出详细的设计报告。

3. 实训学时

8 学时。

4. 实训项目：教师管理信息系统

本系统包括教师基本信息管理、教师授课管理、教师考勤管理、教师工资管理等基本功能。

（1）设计教师管理信息系统的功能流程图。

（2）设计教师管理信息系统的用例图。

（3）设计教师基本信息管理模块的类图。

（4）用面向对象的详细设计方法，设计教师授课管理的用户界面。

小　　结

详细设计是将概要设计的内容具体化、明细化，将概要设计转化为可以操作的软件模型，根据具体情况，这个过程可以省略。本项目讲述了详细设计的结构化方法和面向对象的方法。根据面向对象的详细方法，对学生管理信息系统的界面、类和数据库进行详细设计，并对学生管理信息系统的用例图和类图进行分析。

习　　题

1. 选择题

（1）下面关于详细设计的说法错误的是（　　　　）。

A. 详细设计阶段的任务是将解决问题的办法进行具体化

B. 详细设计阶段是以比较抽象的方式提出了解决问题的办法

C. 详细设计阶段不用真正编写程序,而是设计出程序的详细规格说明

D. 详细设计是将概要设计的框架内容具体化、明细化

(2) 类图是静态图的一种,它包括的三个部分是(　　)。

A. 属性　　　　　B. 类　　　　　　　C. 用户接口　　　　D. 联系

(3) 下面关于数据库的描述正确的是(　　)。

A. 数据库是用于存储和处理数据的

B. 数据库设计的目的是使信息系统在数据库服务器上建立一个好的数据模型

C. 数据库设计的主要工作是设计数据库的表

D. 数据库是用来确定对象之间通信的工具

E. 数据库设计的难易程度取决于数据关系的复杂程度和数据量的大小两个要素

(4) 传统的详细设计的工具主要包括(　　)。

A. 程序流程图　　B. 数据结构设计　　C. 模块和接口　　　D. 判定表

E. 程序设计语言

2. 填空题

(1) RUP(统一开发过程)模式的最大优点是_____的方法,该方法可以较为直观地建立起系统的架构,通过反复识别,避免需求中的漏项。

(2) 类有属性、操作、约束以及其他成分等,属性_____所能具有的值;操作实现类的_____;用户接口就是_____;联系代表_____。

(3) 详细设计需要对系统的模块做概要性的说明,主要包括_____描述、_____描述和_____描述。

(4) 面向对象的详细设计从概要设计的对象和类开始。算法是_____的实现规格。数据结构的设计与算法是同时进行的,因为这个方法要对类的属性进行处理,主要包括三类:_____;对数据进行计算;_____。

项目5 软件项目的实现

【学习目标】
- 通过本项目的学习,能够使读者了解到结构化程序设计语言的提出、发展、特点以及结构化程序设计语言开发注意的问题。
- 能够使读者了解面向对象程序语言的概念以及它的特点、使用面向对象语言开发注意的问题,并养成良好的开发习惯。
- 程序设计的基本目标是用算法对问题的原始数据进行处理,从而获得所期望的效果。但这仅仅是程序设计的基本要求。

要全面提高程序的质量,提高编程效率,使程序具有良好的可读性、可靠性、可维护性以及良好的结构,编制出好的程序来,应当是每位程序设计工作者追求的目标。而要做到这一点,就必须掌握正确的程序设计方法和技术。

任务 5.1 结构化程序设计

5.1.1 结构化程序的提出

结构化程序的概念首先是从以往编程过程中无限制地使用转移语句而提出的。转移语句可以使程序的控制流程强制性的转向程序的任一处,在传统流程图中,如果一个程序中多处出现这种转移情况,将会导致程序流程无序可寻,程序结构杂乱无章,这样的程序是令人难以理解和接受的,并且容易出错。尤其是在实际软件产品的开发中,追求更多的是软件的可读性和可修改性,像这种结构和风格的程序是不允许出现的。

结构化程序设计的特征主要有以下几点:

(1) 以三种基本结构的组合来描述程序。

(2) 整个程序采用模块化结构。

(3) 有限制地使用转移语句,在非用不可的情况下,也要十分谨慎,并且只限于在一个结构内部跳转,不允许从一个结构跳到另一个结构,这样可缩小程序的静态结构与动态执行过程之间的差异,使人们能正确理解程序的功能。

(4) 以控制结构为一个单元,每个结构只有一个人口、一个出口,各单元之间接口简单,逻辑清晰。

(5) 采用结构化程序设计语言书写程序,并采用一定的书写格式使程序结构清晰,易于阅读。

(6) 注意程序设计的风格。

譬如 C、FORTRAN、PASCAL 等语言都属于典型的结构化程序设计语言。

5.1.2　结构化程序的三种基本结构

结构化程序设计都是由三种最基本的控制结构构造出来的,分别是顺序结构、选择结构和循环结构。我们以一个简单的学生信息管理系统为例,来讨论结构化程序设计语言的几个鲜明的特点。当我们使用结构化软件设计方法(参见项目三任务三)对该学生信息管理系统模块化设计之后,可以用下面的文本描述。

(1) 新生的信息:

增加学生记录→标记学生学号→确定学生院系→确定学生班级

(2) 学生的成绩:

增加学生成绩记录→校对学生成绩

(3) 学籍的变更:

增加学籍变更记录→标记变更原因→标记变更时间

(4) 学生的奖励:

增加学生奖励记录→标记奖励项目→标记奖励时间

(5) 学生的处罚:

增加学生处罚记录→标记处罚等级→标记处罚时间

(6) 学生信息查询的修改:

查询个人信息→修改个人信息→保存个人信息→查询奖惩情况→查询学籍变更情况→打印成绩单

显然,在上面的新生信息的建立过程中,增加学生记录、标记学生学号、确定学生院系、确定学生班级是按照先后顺序建立的,同样,对于其他的模块也是一种顺序结构,所以在编码的过程中,编码的顺序也是按照建立的顺序自顶向下编写。下面详细介绍结构化程序设计中的顺序结构。

1. 顺序结构

顺序结构表示程序中的各操作是按照它们出现的先后顺序执行的,其流程如图 5-1 所示。图中的 S1 和 S2 表示两个处理步骤,例如在我们的学生信息管理系统中,S1 可以代表增加学生记录,S2 代表标记学生学号,S3 代表确定学生院系,等等。这些处理步骤可以是一个非转移操作或多个非转移操作序列,甚至可以是空操作,也可以是三种基本结构中的任意一种结构。整个顺序结构只有一个入口点 a 和一个出口点 b。这种结构的特点是:程序从入口点 a 开始,按顺序执行所有操作,直到出口点 b 处,所以称为顺序结构。事实上,不论程序中包含了什么样的结构,而程序的总流程都是顺序结构的。

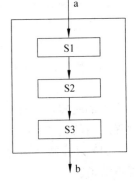

图 5-1　顺序结构

2. 选择结构

不难看出,我们要对学生信息、学生成绩、学籍变更等进行查询或者修改,必须要选择不同的模块,如何编码实现选择不同的模块功能,就是我们要讲的选择结构。

选择结构表示程序的处理步骤出现了分支,它需要根据某一特定的条件选择其中的一个分支执行。选择结构有单选择、双选择和多选择三种形式。

双选择是典型的选择结构形式,其流程如图 5-2 所示,图中的 S1 和 S2 与顺序结构中的说明相同。由图中可见,在结构的入口点 a 处是一个判断框,表示程序流程出现了两个可供选择的分支,如果条件满足则执行 S1 处理,否则执行 S2 处理。值得注意的是,在这两个分支中只能选择一条且必须选择一条执行,但不论选择了哪一条分支执行,最后流程都一定到达结构的出口点 b 处。

当 S1 和 S2 中的任意一个处理为空时,说明结构中只有一个可供选择的分支,如果条件满足则执行 S1 处理,否则顺序向下到流程出口 b 处。也就是说,当条件不满足时,什么也没执行,所以称为单选择结构,如图 5-3 所示。

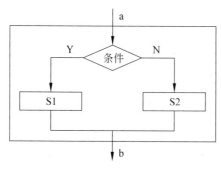

图 5-2 双选择结构

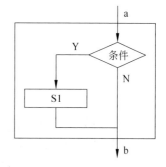

图 5-3 单选择结构

多选择结构是指程序流程中遇到如图 5-4 所示的 S1、S2、…、Sn 等多个分支,程序执行方向将根据条件确定。如果满足条件 1 则执行 S1 处理,如果满足条件 n 则执行 Sn 处理,总之要根据判断条件选择多个分支的其中之一执行。不论选择了哪一条分支,最后流程要到达同一个出口处。如果所有分支的条件都不满足,则直接到达出口。显然我们的学生信息管理系统是一个典型的多选择结构。

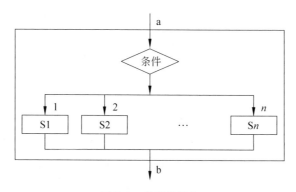

图 5-4 多选择结构

3. 循环结构

我们仍然以学生信息管理系统为例说明。我们欲创建新生信息,就要一条一条地读入学生的信息,这时候就要用到循环结构,而如果我们要删除某一个学生的信息,或者要更改某一个学生的信息,就要从文件中读取学生的信息,读取文件的过程就是一个循环结构。

循环结构表示程序反复执行某个或某些操作,直到某条件为假(或为真)时才可终止循环。在循环结构中最主要的是：什么情况下执行循环？哪些操作需要循环执行？循环结构的基本形式有两种：当型循环和直到型循环，其流程如图 5-5 所示。图中虚线框内的操作称为循环体，是指从循环入口点 a 到循环出口点 b 之间的处理步骤，这就是需要循环执行的部分。而什么情况下执行循环则要根据条件判断。

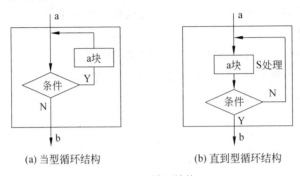

(a) 当型循环结构　　　　　　(b) 直到型循环结构

图 5-5　循环结构

当型循环：表示先判断条件，当满足给定的条件时执行循环体，并且在循环终端处流程自动返回到循环入口；如果条件不满足，则退出循环体直接到达流程出口处。因为是"当条件满足时执行循环"，即先判断后执行，所以称为当型循环。其流程如图 5-5(a)所示。

直到型循环：表示从结构入口处直接执行循环体，在循环终端处判断条件，如果条件不满足，返回入口处继续执行循环体，直到条件为真时再退出循环到达流程出口处，是先执行后判断。因为是"直到条件为真时为止"，所以称为直到型循环。其流程如图 5-5(b)所示。

同样，循环型结构也只有一个入口点 a 和一个出口点 b，循环终止是指流程执行到了循环的出口点。图中所表示的 S 处理可以是一个或多个操作，也可以是一个完整的结构或一个过程。

通过三种基本控制结构可以看到，结构化程序中的任意基本结构都具有唯一入口和唯一出口，并且程序不会出现死循环。在程序的静态形式与动态执行流程之间具有良好的对应关系。

5.1.3　N-S 流程图

N-S 流程图是结构化程序设计方法中用于表示算法的图形工具之一。对于结构化程序设计来说，传统流程图已很难完全适应了。因为传统流程图出现得较早，它更多地反映了机器指令系统设计和传统程序设计方法的需要，难以保证程序的结构良好。另外，结构化程序设计的一些基本结构在传统流程图中没有相应的表达符号。例如，在传统流程图中，循环结构仍采用判断结构符号来表示，这样不易区分到底是哪种结构。特别是传统流程图由于转向的问题而无法保证自顶而下的程序设计方法，使模块之间的调用关系难以表达。为此，两位美国学者 Nassi 和 Shneiderman 于 1973 年就提出了一种新的流程图形式，这就是 N-S 流程图，它是以两位创作者姓名的首字母取名，也称为 Nassi Shneiderman 图，如图 5-6 所示。

N-S 图的基本单元是矩形框，它只有一个入口和一个出口。长方形框内用不同形状的线来分割，可表示顺序结构、选择结构和循环结构。在 N-S 流程图中，完全去掉了带有方向的流程线，程序的三种基本结构分别用三种矩形框表示，将这种矩形框进行组装就可表示全

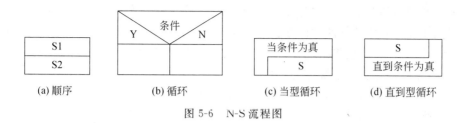

图 5-6 N-S 流程图

部算法。这种流程图从表达形式上就排除了随意使用控制转移对程序流程的影响,限制了不良程序结构的产生。

与顺序、选择和循环这三种基本结构相对应的 N-S 流程图的基本符号如图 5-6 所示。

图 5-6(a)和图 5-6(b)分别是顺序结构和选择结构的 N-S 图表示,图 5-6(c)和图 5-6(d)是循环结构的 N-S 图表示。由图可见,在 N-S 图中,流程总是从矩形框的上面开始,一直执行到矩形框的下面,这就是流程的入口和出口,这样的形式是不可能出现无条件的转移情况。

值得注意的是,N-S 流程图是适合结构化程序设计方法的图形工具,对于非结构化的程序,用 N-S 流程图是无法表示的。

N-S 流程图是描述算法的重要图形工具之一,在结构化程序设计中得到了广泛应用。在此仅作简单介绍,旨在抛砖引玉。在实际软件开发中,有兴趣的读者可参阅有关软件工程或软件开发技术等方面的著作。

5.1.4 结构化程序的设计方法

结构化程序设计方法是公认的面向过程编程应遵循的基本方法和原则。结构化程序设计方法主要包括:①只采用三种基本的程序控制结构来编制程序,从而使程序具有良好的结构;②程序设计自顶而下;③用结构化程序设计流程图表示算法。

有关结构化程序设计及方法有一整套不断发展和完善的理论和技术,对于初学者来说,完全掌握是比较困难的。但在学习的起步阶段就了解结构化程序设计的方法,学习好的程序设计思想,对今后的实际编程是很有帮助的。

结构化程序设计方法作为面向过程程序设计的主流,被人们广泛地接受和应用,其主要原因在于结构化程序设计能提高程序的可读性和可靠性,便于程序的测试和维护,有效地保证了程序的质量。读者对此方法的理解和应用要在初步掌握 C 语言之后,主要在今后大量的编程实践中去不断体会和提高。

任务 5.2 面向对象的程序设计

面向对象程序设计(OOP)技术汲取了结构化程序设计中好的思想,并将这些思想与一些新的、强大的理念相结合,从而给你的程序设计工作提供了一种全新的方法。通常,在面向对象的程序设计风格中,你会将一个问题分解为一些相互关联的子集,每个子集内部都包含了相关的数据和函数。同时,你会以某种方式将这些子集分为不同等级,而一个对象就是已定义的某个类型的变量。当你定义了一个对象,就隐含地创建了一个新的数据类型。

当我们用面向对象的软件设计方法(参见项目三中的任务 3.4)对我们的学生信息管理系统进行设计的时候,我们将系统分为几个不同的子系统,其中每一个子系统都会涉及不同的类,譬如对于新生信息子系统,就会用到学生类。"类"是对一组具有共同的属性特征和行为特征的对象的抽象,譬如报到的新生可以构成新生类,如图 5-7 所示。学生成绩子系统就会用到学生类和成绩类,学籍变更就会用到学生类和学籍变更类。

```
编号: G-01
实体名: 新生信息
职责: 该类存放新生的基本信息
属性: 学号、姓名、性别、民族、出生日期、身份证号码、政治面貌
方法: init()、create()、destroy()
说明: 学生类
```

图 5-7　新生类

而新生当中的某一个人就是新生类的一个对象,譬如学生李明就是一个对象,如图 5-8 所示。

```
编号: G-01
对象名: 李明
职责: 描述李明的属性信息
属性: 学号为20080201, 姓名为李明, 性别为男, 民族为汉
属性: 出生日期为1991-01-01, 身份证号码为37058419920101, 政治面貌为团员
说明: 该对象是类的一个实例
```

图 5-8　新生类的对象

5.2.1　数据的抽象和封装

我们看图 5-7,在新生类中,包含了新生的学号、姓名、性别等属性以及创建、初始化、销毁等方法。这些属性和方法是封装在新生类里的。

把数据和函数包装在一个单独的单元(称为类)的行为称为封装。数据封装是类的最典型特点。数据不能被外界访问,只能被封装在同一个类中的函数访问。这些函数提供了对象数据和程序之间的接口。避免数据被程序直接访问的情况被称为"数据隐藏"。

抽象指仅表现核心的特性而不描述背景细节的行为。类使用了抽象的概念,并且被定义为一系列抽象的属性,如尺寸、重量和价格,以及操作这些属性的函数。类封装了将要被创建的对象的所有核心属性。因为类使用了数据抽象的概念,所以它们被称为抽象数据类型(ADT)。

封装:封装机制将数据和代码捆绑到一起,避免了外界的干扰和不确定性。它同样允许创建对象。

简单地说,一个对象就是一个封装了数据和操作这些数据的代码的逻辑实体。

在一个对象内部,某些代码和(或)某些数据可以是私有的,不能被外界访问。通过这种方式,对象对内部数据提供了不同级别的保护,以防止程序中无关的部分意外地改变或错误地使用了对象的私有部分。

5.2.2 继承

继承是指一个对象从另一个对象中获得属性的过程。继承是软件重复使用的一种方式,新的类可以吸收已存类的数据与方法,并增加新的数据和方法。它支持按层次分类的概念。

例如,学生管理系统涉及学生对象类,每一学生均拥有他们共同的属性,如 name(姓名)、idNo(身份证号)、sex(性别)、stNo(学号)、coarseId(某公共课成绩)等。但是不同系的学生由于专业不同,他们又有各自与专业相关的课程的学分,例如,信息系的学生应该具有其属类 student 类的全部特征和行为规则,同时还具有这个系的学生独有的东西,以Student 类为基础建立的信息系学生类 C_student 既具有学生类的特点,也具有信息系学生自己的特点,这里,我们称 Student 类是 C_student 类的父类,类 C_student 称为 Student 的子类,C_Student 类继承自学生类 Student。

5.2.3 多态

多态是指一个方法只能有一个名称,但可以有许多形态,也就是程序中可以定义多个同名的方法,用"一个接口,多个方法"来描述。可以通过方法的参数和类型引用。

例如,学生类应该有一个计算成绩的操作,信息系学生、会计系学生和机械系学生都继承自学生类。显然对于各种不同的学生类型需要统计的课程不一样,这就需要计算成绩的操作在不同的学生类中有不同的实现,但使用同一个操作名称,我们称为多态。

继承和多态的结合可以轻易构造一系列功能类似但又各异的类和对象。由于继承性,这些类和对象具有相似的特征。但由于多态性,同样一种行为在不同类和对象上又有不同的实现和结果。

面向对象程序设计的一些显著的特性包括:

* 程序设计的重点在于数据而不是过程。
* 程序被划分为所谓的对象。
* 数据结构为表现对象的特性而设计。
* 函数作为对某个对象数据的操作,与数据结构紧密地结合在一起。
* 数据被隐藏起来,不能为外部函数访问。
* 对象之间可以通过函数沟通。
* 新的数据和函数可以在需要的时候轻而易举地添加进来。

在程序设计过程中遵循由下至上(bottom-up)的设计方法。

任务 5.3　程序设计语言

5.3.1　计算机语言与程序设计语言

程序设计语言泛指一切用于书写计算机程序的语言,包括汇编语言、机器语言,以及一般称为高级语言的完全符号形式的独立于具体计算机的语言。

上面的定义很清楚地说明了计算机语言与程序设计语言之间的区别和联系。

计算机语言是外延较大的概念,程序设计语言只是计算机语言下的一个子概念。有人说:"人们交流要通过语言,人要和计算机打交道,也要通过语言,所以要使用计算机必须学习程序设计语言。"前半句话指的是计算机语言,而后半句话指的是程序设计语言,由于"偷换"了概念,推理不合逻辑,结论也就不可靠了。由于概念的混乱,出现了这种说法。"我们和计算机打交道,就要用计算机语言"这句话是对的,但用计算机语言与计算机打交道,不一定要用程序设计语言。我们用 DOS 命令,就是在用计算机语言,即命令语言;学习 Windows 操作,用鼠标单击某一图标,让计算机执行某一操作也是一种计算机语言;学习某种应用软件的操作,也是学习计算机语言。总之,我们在学习计算机知识的过程中一直在学习计算机语言,一直是通过计算机语言和计算机打交道,但它们都不是程序设计语言。

程序设计语言是根据计算机的特点而编制的,它没有自然语言那么丰富多样,而只是有限规则的集合,所以它"简单易学"。但是,也正因为它是根据机器的特点编制的,所以交流中无法意会和言传,而更多地表现为说一不二,表现了"规则"的严谨。例如,该是";"的地方不能写成".",该写"a"的地方不能写成"A",这使得学习程序设计语言在一开始会有些不习惯。不过,只要认识到程序设计语言的特点,注意学习方法,把必需的严谨和恰当的灵活性相结合,一切都会得心应手。

5.3.2 程序语言的分类

自 1946 年世界上第一台电子计算机问世以来,计算机科学及其应用的发展十分迅猛,计算机被广泛地应用于人类生产、生活的各个领域,推动了社会的进步与发展。

特别是随着国际互联网(Internet)日益深入千家万户,传统的信息收集、传输及交换方式正被革命性地改变,我们已经难以摆脱对计算机的依赖,计算机已将人类带入了一个新的时代—信息时代。

新的时代对于我们的基本要求之一是:自觉地、主动地学习和掌握计算机的基本知识和基本技能,并把它作为自己应该具备的基本素质。要充分认识到,缺乏计算机知识,就是信息时代的"文盲"。

对于理工科的大学生而言,掌握一门高级语言及其基本的编程技能是必需的。大学学习,除了掌握本专业系统的基础知识外,科学精神的培养、思维方法的锻炼、严谨踏实的科研作风养成,以及分析问题、解决问题的能力的训练,都是日后工作的基础。学习计算机语言,正是一种十分有益的训练方式,而语言本身又是与计算机进行交互的有力的工具。

一台计算机是由硬件系统和软件系统两大部分构成的,硬件是物质基础,而软件可以说是计算机的灵魂,没有软件,计算机就是一台"裸机",什么也不能干,有了软件,才能灵动起来,成为一台真正的计算机。所有的软件,都是用计算机语言编写的。

计算机程序设计语言的发展,经历了从机器语言、汇编语言到高级语言的历程。

1. 机器语言

电子计算机所使用的是由"0"和"1"组成的二进制数,二进制是计算机语言的基础。计算机发明之初,人们只能降贵纡尊,用计算机的语言去命令计算机干这干那,一句话,就是写出一串串由"0"和"1"组成的指令序列交由计算机执行,这种语言就是机器语言。使用机器语言是十分痛苦的,特别是在程序有错需要修改时更是如此。而且,由于每台计算机的指令系统往往各不相同,所以,在一台计算机上执行的程序,要想在另一台计算机上执行,必须另编程序,造成了重复性工作。但由于使用的是针对特定型号计算机的语言,故而运算效率是所有语言中最高的。机器语言是第一代计算机语言。

2. 汇编语言

为了减轻使用机器语言编程的痛苦,人们进行了一种有益的改进:用一些简洁的英文字母、符号串来代替一个特定的指令的二进制串,比如,用"ADD"代表加法,"MOV"代表数据传递等,这样一来,人们很容易读懂并理解程序在干什么,纠错及维护都变得方便了,这种程序设计语言就称为汇编语言,即第二代计算机语言。然而计算机是不认识这些符号的,这就需要一个专门的程序,专门负责将这些符号翻译成二进制数的机器语言,这种翻译程序被称为汇编程序。

汇编语言同样十分依赖于机器硬件,移植性不强,但效率仍十分高,针对计算机特定硬件而编制的汇编语言程序,能准确发挥计算机硬件的功能和特长,程序精练而质量高,所以至今仍是一种常用而强有力的软件开发工具。

3. 高级语言

从最初与计算机交流的痛苦经历中,人们意识到,应该设计一种这样的语言,这种语言接近于数学语言或人的自然语言,同时又不依赖于计算机硬件,编出的程序能在所有机器上通用。经过努力,1954 年,第一个完全脱离机器硬件的高级语言——FORTRAN 问世了,40 多年来,共有几百种高级语言出现,有重要意义的有几十种,影响较大、使用较普遍的有FORTRAN、ALGOL、COBOL、BASIC、LISP、Pascal、C、PROLOG、Ada、C ++ 、VC、VB、Delphi、Java.NET 等。

高级语言的发展也经历了从早期语言到结构化程序设计语言,从面向过程到非过程化程序语言的过程。相应地,软件的开发也由最初的个体手工作坊式的封闭式生产,发展为产业化、流水线式的工业化生产。

20 世纪 60 年代中后期,软件越来越多,规模越来越大,而软件的生产基本上是各自为战,缺乏科学规范的系统规划与测试、评估标准,其恶果是大批耗费巨资建立起来的软件系统,由于含有错误而无法使用,甚至带来巨大损失,软件给人的感觉是越来越不可靠,以致几乎没有不出错的软件。这一切,极大地震动了计算机界,史称"软件危机"。人们认识到:大型程序的编制不同于写小程序,它应该是一项新的技术,应该像处理工程一样处理软件研制的全过程。程序的设计应易于保证正确性,也便于验证正确性。1969 年,提出了结构化程序设计方法,1970 年,第一个结构化程序设计语言——Pascal 语言出现,标志着结构化程序设计时期的开始。

20 世纪 80 年代初开始,在软件设计思想上,又产生了一次革命,其成果就是面向对象的程序设计。在此之前的高级语言,几乎都是面向过程的,程序的执行是流水线似的,在一个模块被执行完成前,人们不能干别的事,也无法动态地改变程序的执行方向。这和人们日常处理事物的方式是不一致的,对人而言是希望发生一件事就处理一件事,也就是说,不能面向过程,而应是面向具体的应用功能,也就是对象(object)。其方法就是软件的集成化,如同硬件的集成电路一样,生产一些通用的、封装紧密的功能模块,称之为软件集成块,它与具体应用无关,但能相互组合,完成具体的应用功能,同时又能重复使用。对使用者来说,只关心它的接口(输入量、输出量)及能实现的功能,至于如何实现的,那是它内部的事,使用者完全不用关心，C++、VB. NET、Java 就是典型代表。

任务 5.4　程序的复杂度

同一问题可用不同算法解决，而一个算法的质量优劣将影响到算法乃至程序的效率。算法分析的目的在于选择合适算法和改进算法。一个算法的评价主要从时间复杂度和空间复杂度来考虑。

5.4.1　时间复杂度

1. 时间频度

一个算法执行所耗费的时间，从理论上是不能算出来的，必须上机运行测试才能知道。但我们不可能也没有必要对每个算法都上机测试，只需知道哪个算法花费的时间多，哪个算法花费的时间少就可以了。并且一个算法花费的时间与算法中语句的执行次数成正比例，哪个算法中语句执行次数多，它花费时间就多。一个算法中的语句执行次数称为语句频度或时间频度，记为 $T(n)$。

2. 时间复杂度

在刚才提到的时间频度中，n 称为问题的规模，当 n 不断变化时，时间频度 $T(n)$ 也会不断变化。但有时我们想知道它变化时呈现什么规律。为此，我们引入时间复杂度概念。

一般情况下，算法中基本操作重复执行的次数是问题规模 n 的某个函数，用 $T(n)$ 表示，若有某个辅助函数 $f(n)$，使得当 n 趋近于无穷大时，$T(n)/f(n)$ 的极限值为不等于零的常数，则称 $f(n)$ 是 $T(n)$ 的同数量级函数。记作 $T(n)=O(f(n))$，我们称 $O(f(n))$ 为算法的渐进时间复杂度，简称时间复杂度。

在各种不同算法中，若算法中语句执行次数为一个常数，则时间复杂度为 $O(1)$，另外，在时间频度不相同时，时间复杂度有可能相同，如 $T(n)=n^2+3n+4$ 与 $T(n)=4n^2+2n+1$ 的频度不同，但时间复杂度相同，都为 $O(n^2)$。

按数量级递增排列，常见的时间复杂度有：

常数阶 $O(1)$，对数阶 $O(\log_2 n)$，线性阶 $O(n)$，线性对数阶 $O(n\log_2 n)$，平方阶 $O(n^2)$，立方阶 $O(n^3)$，…，k 次方阶 $O(n^k)$，指数阶 $O(2^n)$。随着问题规模 n 的不断增大，上述时间复杂度不断增大，算法的执行效率越低。

5.4.2　空间复杂度

与时间复杂度类似，空间复杂度是指算法在计算机内执行时所需存储空间的度量。记作：

$$S(n) = O(f(n))$$

任务 5.5 实 验 实 训

1. 实训目的

（1）培养学生运用所学开发语言的理论知识和技能分析解决计算机的实际应用问题的能力。

（2）培养学生调查研究，查阅技术文献、资料及编写程序的能力。

（3）通过实训，掌握面向对象应用程序开发与面向过程的应用程序开发的不同。

2. 实训要求

（1）实训前做好上机实训的准备，针对实训内容，认真复习与本次实训有关的知识，完成实训内容的预习准备工作。

（2）能认真、独立地完成实训的内容。

（3）实训后做好实训总结，根据实训情况完成项目实训总结报告。

3. 实训学时

8学时。

4. 实训项目：教师信息管理系统

运用所学课程知识，结合所学开发语言，实现小型教师信息管理应用系统的开发。

本系统包括教师基本信息管理、教师职称管理、教师考勤管理、综合查询等基本功能。

小　　结

结构化程序设计已经满足不了当代程序设计的需求，但是关于结构化编程的思想仍然很重要。传统的结构化分析与设计开发方法是一个线性过程，因此，传统的结构化分析与设计方法要求现实系统的业务管理规范，处理数据齐全，用户能全面完整地掌握其业务需求。

传统的软件结构和设计方法难以适应软件生产自动化的要求，因为它以过程为中心进行功能组合，软件的扩充和复用能力很差。

对象（Object）是一个现实实体的抽象，由现实实体的过程或信息来定义。一个对象可被认为是一个把数据（属性）和程序（方法）封装在一起的实体，这个程序产生该对象的动作或对它接收到的外界信号的反应。这些对象操作有时称为方法。对象是个动态的概念，其中的属性反映了对象当前的状态。

类（Class）用来描述具有相同的属性和方法的对象的集合。它定义了该集合中每个对象所共有的属性和方法。对象是类的实例。

因为对象是对现实世界实体的模拟，因而能更容易地理解需求，即使用户和分析者之间具有不同的教育背景和工作特点，也可很好地沟通。

区别面向对象的开发和传统过程的开发的要素有：对象识别和抽象、封装、多态性和继承。

习　题

1. 选择题

(1) 下列标识符中,不合法的用户标识符为(　　)。

　　A. a♯b　　　　　　B. _int　　　　　　C. a_10　　　　　　D. Pad

(2) 每个类(　　)构造函数。

　　A. 只能有一个　　　　　　　　　　B. 只可有公有的

　　C. 可以有多个　　　　　　　　　　D. 只可有缺省的

(3) 在私有继承的情况下,基类成员在派生类中的访问权限(　　)。

　　A. 受限制　　　　　B. 保持不变　　　　C. 受保护　　　　　D. 不受保护

(4) 对象的三要素是(　　)。

　　A. 窗口、事件、消息　　　　　　　　B. 窗口、数据、动作

　　C. 属性、方法、事件　　　　　　　　D. 数据、函数、动作

(5) 程序的三种基本控制结构是(　　)。

　　A. 数组、递推、排序　　　　　　　　B. 递归、递推、迭代

　　C. 顺序、分支、循环　　　　　　　　D. 过程、子程序、分程序

(6) 下面叙述正确的是(　　)。

　　A. 算法的执行效率与数据的存储结构无关

　　B. 算法的空间复杂度是指算法程序中指令(或语句)的条数

　　C. 算法的有穷性是指算法必须能在执行有限个步骤之后终止

　　D. 以上三种描述都不对

2. 填空题

(1) 在类的成员声明时,若使用了_____修饰符,则该成员只能在该类或其派生类中使用。

(2) 类的静态成员属于_____所有,非静态成员属于类的实例所有。

(3) 算法复杂度主要包括时间复杂度和_____复杂度。

(4) 把一个整数转换成字符串,并倒序保存在字符数组 s 中。请补充 fun 函数中的两处空,使它能得出正确的结果。不得增行或删行,也不得更改程序的结构。

```
#include "stdio.h"
#define N 80
char s[N];
void fun(long int n)
{
    int i=0;
    while(n>0)
    {   s[i]=n%10 +'0';
        n= 1 ;
        i++;
```

```
    }
    s[i]= _2_ ;
}
main()
{   long int n=12345;
    printf("***the origial data***\n");
    printf("n=%ld",n);
    fun(n);
    printf("\n%s",s);
}
```

3. 思考题

(1) 第一代至第四代语言是如何划分的？各具有什么特点？分别包括哪些语言？

(2) 过程设计语言具有哪些特征？

(3) 什么是对象？对象具有哪几种形式？

(4) 程序的编码风格主要体现在哪几个方面？

(5) 面向对象生存期模型与传统的生存期模型有什么区别？

4. 程序改错

(1)

```
#include "stdio.h"
main()
{
    int i;
    float y=1;
    for(i=2;i<=5;i++)
    y+=1/(i*i);
    printf("%f\n",y);
}
```

(2) 函数 prn_star(m,left)输出正菱形图案，其中参数 m 代表图案的行数（为一奇数），left 代表图案距屏幕左边的列数。

函数 prt_str(m,left)中有 3 处错误代码，请指出并改正之。

```
#include <stdio.h>
void prn_star(m,left)
int m,left;
{   int i,j,p;
    for(i=1;i<m;i++)
    {   if(i<=m)p=i;
        else
            p=m+1+i;
    for(j=1;j<=left+(m-(2*p-1))/2;j++)
        printf(" ");
    for(j=1;j<=2*p-1;j++)
        printf("o");
```

```
        printf("\n");
        }
}
```

主函数：

```
main()
{    int m,left;
    printf("请输入正菱形图案的行数:");
    scanf("%d",&m);
    printf("请输入正菱形图案距屏幕左边的列数:");
    scanf("%d",&left);
    prn_star(m,left);
}
```

项目 6　软件项目的测试

【学习目标】

- 通过本项目的学习,理解什么是软件测试,了解软件测试的目的及达到的目标。
- 掌握软件测试的方法、软件测试用例。
- 了解对于测试出现的问题如何调试。
- 会写测试报告。

　　我们在开发信息管理系统的过程中进行了详细设计,从需求分析、总体设计,一直到划分为简单的模块设计,我们往往认为在进行系统开发的过程中考虑得很详细,不但保证没有语法错误,而且尽量避免软件编制过程中的逻辑错误,即使这样,在我们把该系统交给用户使用的过程中仍然出现了意想不到的 BUG,显然,我们在交付项目之前没有做好软件的测试工作。那么,什么是软件测试? 软件测试到底有什么用? 学习软件测试到底重不重要? 下面主要讨论这些问题。

　　在系统开发过程中采用了多种措施保证软件的质量,但是实际开发过程中还是不可避免地会产生差错,系统中通常可能隐藏着错误和缺陷,未经周密测试的系统投入运行,将会造成难以想象的后果,因此系统测试是系统开发过程中为保证软件质量必须进行的工作。大量统计资料表明,系统测试的工作量往往占系统开发总工作量的 40% 以上。因此,我们必须重视测试工作。

　　目前软件测试仍然是保证软件质量的关键步骤,它是对软件规格说明、设计和编码的最后复审。

任务 6.1　软件测试的目的

　　什么是测试? 它的目标是什么? G. MyerS 给出了关于测试的一些规则,这些规则也可以看作测试的目标或定义:

　　(1) 测试是为了发现程序中的错误而执行程序的过程。

　　(2) 好的测试方案应能发现迄今为止仍未发现的一些错误。

　　(3) 成功的测试是发现了新的错误的测试。

　　从上述规则可以看出,测试的正确定义是"为了发现程序中的错误而执行程序的过程"。这和某些人通常想象的"测试是为了表明程序是正确的""成功的测试是没有发现错误的测试"等是完全相反的。正确认识测试的目标是十分重要的,测试目标决定了测试方案的设计。如果为了表明程序是正确的而进行测试,就会设计一些不易暴露错误的测试方案;相反,如果测试是为了发现程序中的错误,就会力求设计出最能暴露错误的测试方案。

由于测试的目的是暴露程序中的错误,从心理学角度看,由程序的编写者自己进行测试是不恰当的。因此,在综合测试阶段通常由其他人员组成测试小组来完成测试工作。

此外,应该认识到测试决不能为了证明程序是正确的。即使经过了最严格的测试之后,仍然可能还有没被发现的错误潜藏在程序中。测试只能查找出程序中的错误,不能证明程序中没有错误。关于这个结论下面还要讨论。

任务 6.2　软件测试的方法和步骤

6.2.1　黑盒测试和白盒测试

我们对信息管理系统进行测试的时候,首先对各功能模块进行了单独的测试,如用户登录系统、用户修改系统、用户查询系统等。但是仅仅对模块进行测试是远远不够的,因为当各个模块集成为一个庞大的系统结构时,各个模块之间的接口以及模块之间的通信是否成功,都决定了系统是否成功,所以我们采用数据跟踪,对整个系统的结构进行测试。那么,软件工程主要有哪些测试方法呢?

显然,测试模块的功能与测试项目的结构是不相同的,在长期的测试过程中,我们认为,测试任何产品都有两种方法:如果已经知道了产品应该具有的功能,可以通过测试来检验每个功能是否都能正常使用;如果知道产品内部的工作过程,可以通过测试来检验产品内部的动作是否按照规格说明书的规定正常进行。前一个方法称为黑盒测试,后一个方法称为白盒测试。

对于软件测试而言,黑盒测试法把程序看成一个黑盒子,完全不考虑程序的内部结构和处理过程。也就是说,黑盒测试是在程序接口进行的测试,它只检查程序功能是否能按照规格说明书的规定正常使用,程序是否能适当地接收输入数据并产生正确的输出信息,同时保持外部信息(如数据库或文件)的完整性。黑盒测试又称为功能测试。与黑盒测试法相反,白盒测试法的前提是可以把程序看成装在一个透明的白盒子里,也就是完全了解程序的结构和处理过程。这种方法按照程序内部的逻辑测试程序检验程序中的每条通路是否都能按预定要求正确工作。白盒测试又称为结构测试。设计测试方案是测试阶段的关键技术问题。所谓测试方案包括预定要测试的功能、应该输入的测试数据和预期的结果。

设计测试方案的基本目标是,确定一组最可能发现某个错误或某类错误的测试数据。目前已经研究出许多设计测试数据的技术,这些技术各有优缺点,没有哪一种是最好的,更没有哪一种可以代替其余的所有技术;同一种技术在不同场合的应用效果可能相差很大,因此,通常需要联合使用多种设计测试数据的技术。

本节介绍的设计技术主要有:适用于黑盒测试的等价类划分、边界值分析以及错误推测法等;适用于白盒测试的逻辑覆盖法。

1. 黑盒测试

(1) 等价类划分

等价类划分是用黑盒法设计测试方案的一种技术。前面讲过,穷尽的黑盒测试需要使用所有有效的和无效的输入数据来测试程序,通常这是不现实的。因此,只能选取少量最有代表性的输入数据,以期用较小的代价暴露出较多的程序错误。

　　如果把所有可能的输入数据(有效的和无效的)划分成若干个等价类,则可以合理地做出下述假定:每一类中的一个典型值在测试中的作用与这一类中所有其他值的作用相同。因此,可以从每个等价类中只取一组数据作为测试数据,这样选取的测试数据最有代表性,最有可能发现程序中的错误。

　　使用等价类划分法设计测试方案首先需要划分输入数据的等价类,为此需要研究程序的功能说明,从而确定输入数据的有效等价类和无效等价类。在确定输入数据的等价类时常常还需要分析输出数据的等价类,以便根据输出数据的等价类导出对应的输入数据等价类。

　　划分等价类需要经验,下述几条启发式规则可能有助于等价类的划分:

- 如果规定了输入值的范围,则可划分出一个有效的等价类(输入值在此范围内),两个无效的等价类(输入值小于最小值或大于最大值)。
- 如果规定了输入数据的个数,则类似地也可以划分出一个有效的等价类和两个无效的等价类。
- 如果规定了输入数据的一组值,而且程序对不同输入值做不同处理,则每个允许的输入值是一个有效的等价类,此外还有一个无效的等价类(任一个不允许的输入值)。
- 如果规定了输入数据必须遵循的规则,则可以划分出一个有效的等价类(符合规则)和若干个无效的等价类(从各种不同角度违反规则)。
- 如果规定了输入数据为整型,则可以划分出正整数、零和负整数等三个有效类。
- 如果程序的处理对象是表格,则应该使用空表,以及含一项或多项的表。

　　以上列出的启发式规则只是测试时可能遇到的情况中的很小一部分,实际情况千变万化,根本无法一一列出。为了正确划分等价类,一是要注意积累经验;二是要正确分析被测程序的功能。此外,在划分无效的等价类时还必须考虑编译程序的检错功能,一般说来,不需要设计测试数据用来暴露编译程序肯定能发现的错误。最后说明一点,上面列出的启发式规则虽然都是针对输入数据的,但是其中绝大部分也同样适用于输出数据。

　　划分出等价类以后,根据等价类设计测试方案时,主要使用下面两个步骤:

　　① 设计一个新的测试方案以便尽可能多地覆盖尚未被覆盖的有效等价类,重复这一步骤直到所有有效等价类都被覆盖为止。

　　② 设计一个新的测试方案,使它覆盖一个而且只覆盖一个尚未被覆盖的无效等价类,重复这一步骤直到所有无效等价类都被覆盖为止。

　　注意:通常程序发现一类错误后就不再检查是否还有其他错误,因此,应该使每个测试方案只覆盖一个无效的等价类。

　　(2) 边界值分析

　　边界值是对等价类划分方法的补充。

　　经验表明,处理边界情况时程序最容易发生错误。例如,许多程序错误出现在下标、纯量、数据结构和循环等的边界附近。因此,设计使程序运行在边界情况附近的测试方案,暴露出程序错误的可能性更大一些。

　　使用边界值分析方法设计测试方案首先应该确定边界情况,这需要经验和创造性,通常输入等价类和输出等价类的边界,就是应该着重测试的程序边界情况。选取的测试数据应该刚好等于、小于或大于边界值。也就是说,按照边界值分析法,应该选取刚好等于、稍小于和稍大于等价类边界值的数据作为测试数据,而不是选取每个等价类内的典型值或任意值作为测试数据。

2. 白盒测试

有选择地执行程序中某些最有代表性的通路是对穷尽测试的唯一可行的替代办法。所谓逻辑覆盖是对一系列测试过程的总称,这组测试过程逐渐地进行越来越完整的通路测试。从覆盖源程序语句的详尽程度分析,大致有以下一些不同的覆盖标准。

(1) 语句覆盖

为了暴露程序中的错误,至少每个语句应该执行一次。语句覆盖的含义是,选择足够多的测试数据,使被测程序中每个语句至少执行一次。

语句覆盖是很弱的逻辑覆盖标准,为了更充分地测试程序,可以采用下述的逻辑覆盖标准。

(2) 判定覆盖

判定覆盖又叫分支覆盖,它的含义是,不仅每个语句必须至少执行一次,而且每个判定的每种可能的结果都应该至少执行一次,也就是每个判定的每个分支都至少执行一次。

判定覆盖比语句覆盖强,但是对程序逻辑的覆盖程度仍然不高。

(3) 条件覆盖

条件覆盖的含义是,不仅每个语句至少执行一次,而且使判定表达式中的每个条件都取到各种可能的结果。

条件覆盖通常比判定覆盖更好,因为它使判定表达式中每个条件都取到了两个不同的结果,判定覆盖却只关心整个判定表达式的值。

(4) 判定条件组合覆盖

既然判定覆盖不一定包含条件覆盖,条件覆盖也不一定包含判定覆盖,自然会提出一种能同时满足这两种覆盖标准的逻辑覆盖,这就是判定/条件覆盖。它的含义是,选取足够多的测试数据,使得判定表达式中的每个条件都取到各种可能的值,而且每个判定表达式也都取到各种可能的结果。

(5) 条件组合覆盖

使得每个判断中条件的各种可能组合都至少出现一次。

以上根据测试数据对源程序语句检测的详尽程度,简单讨论了几种逻辑覆盖标准。在上面的分析过程中常常谈到测试数据执行的程序路径,显然,测试数据可以检测的程序路径的多少,也反映了对程序测试的详尽程度。

3. 实用测试策略

以上简单介绍了设计测试方案的几种基本方法,使用每种方法都能设计出一组有用的测试方案,但是没有一种方法能设计出全部测试方案。此外,不同方法各有所长,用一种方法设计出的测试方案可能最容易发现某些类型的错误,对另外一些类型的错误可能不易发现。

因此,对软件系统进行实际测试时,应该联合使用各种设计测试方案的方法形成一种综合策略。通常的做法是,用黑盒法设计基本的测试方案,再用白盒法补充一些必要的测试方案。具体地说,可以使用下述策略结合各种方法:

（1）在任何情况下都应该使用边界值分析的方法。经验表明，用这种方法设计出的测试方案暴露程序错误的能力最强。注意，应该既包括输入数据的边界情况又包括输出数据的边界情况。

（2）必要时用等价划分法补充测试方案。

（3）必要时再用错误推测法补充测试方案。

（4）对照程序逻辑，检查已经设计出的测试方案。可以根据对程序可靠性的要求采用不同的逻辑覆盖标准，如果现有测试方案的逻辑覆盖程度没达到要求的覆盖标准，则应再补充一些测试方案。

应该强调指出，即使使用上述综合策略设计测试方案，仍然不能保证测试将发现一切程序错误；但是，这个策略确实是在测试成本和测试效果之间的一个合理的折中。通过前面的叙述可以看出，软件测试确实是一件十分艰巨繁重的工作。

6.2.2　信息管理系统的测试

我们以信息管理系统为例进行测试，采用的测试步骤和用例如下。

1. 测试用户登录是否成功

打开学生信息管理系统，在"用户名"文本框中填入 root，"密码"文本框中填入 root 作为用户登录密码，填写完成，单击"确定"按钮，将会出现操作程序页面，即该用户已经登录成功了。再运行程序，会有提示信息出现："程序已经运行，不能再次装载！"

2. 测试其他用户是否能够登录

打开人事管理系统登录页面，输入任意密码，单击"登录"按钮。将出现密码出错提示页面。然后单击"确定"按钮返回人事管理系统的登录页面。

下面测试新生信息能否录入。

在登录成功之后，即可进入相应的管理页面，单击"录入"按钮，出现添加页面，即可录入新生的个人资料信息，并测试与数据库之间的连接应正确无误。

3. 测试编辑功能是否成功

在登录成功之后，即可进入相应的管理页面，单击"编辑"按钮，出现编辑页面，即可以修改和删除学生的个人信息资料。最后保存信息。

4. 测试查询功能是否成功

在登录成功之后，单击"查询"按钮，在弹出的文本框中输入想要查找的资料，单击"查询"按钮，成功后即会出现结果页面，页面内显示了查询出来的学生资料的相关内容，表示测试成功。

5. 用户退出系统的测试

在管理操作已全部完成，需要退出程序的时候，单击系统页面"系统设置"下拉菜单中的"退出"命令，便可退出程序。也可以单击"关闭"按钮退出。

6. 测试对密码的更改功能

在以超级用户登录的情况下，在程序中打开密码设置，会显示用户列表。可以添加新的普通用户，也可以删除和禁止普通用户使用程序。在以普通用户登录系统的情况下，只可以修改自己的密码。

经过以上各项的测试，证明本系统完全可以正常运行，至此测试成功。

在测试本系统时,为了使系统能够稳定运行,对本系统进行了有针对性的全面测试,采取的方式有如下几个方面。

(1) 菜单项测试:为了保证每一项下拉菜单能够正确实现系统设计的功能,我们把相关的基础数据基本上全部输入本系统中,并对每一个菜单项反复进行增加、删除、修改等操作,从而保证了菜单级功能的正确实现。

(2) 数据跟踪:完成菜单项测试后,可以对系统内的每一个数据进行跟踪。例如:在成绩管理模块中,我们首先对考试类型进行设定,然后在成绩添加模块中进行数据操作,随时观察这两个模块之间是否有冲突产生,配合得是否正确,然后在成绩浏览模块中进行验证,检验该功能是否完全正常。对其他的功能模块也可以进行类似的设置。

(3) 综合测试:在以上测试的基础上对系统功能进行整体的测试,依次来检验系统功能是否符合系统设计的要求。

在具体的测试中,应遵循以下原则:由程序设计者之外的人进行测试。测试用例应由两部分组成:输入数据和预期输出结果。应选用不合理的输入数据与非法输入测试。不仅要检验程序是否实现了预期功能,还应检查程序是否做了不应该做的工作。集中测试容易出错的程序模块。对程序进行修改以后,必须重新进行测试。

6.2.3　软件的测试步骤

对于软件工程来讲,测试都有哪些步骤呢?我们大体可以分为以下几种:从产品角度看,测试计划中的测试项目包括软件结构中的分系统层、子系统层、功能模块、程序模块层中的各类模块;从测试本身看,分为单元测试、组合测试、确认测试等。测试对象是随开发阶段的不同而有所变化的,最基本、最初的测试是单元测试,后面的组合测试、确认测试都是以被测试过的模块作为测试对象的。

1. 单元测试

单元测试也称模块测试或程序测试。单元测试是对每个模块单独进行的,验证模块接口与设计说明书是否一致,对模块的所有主要处理路径进行测试且与预期的结构进行对照,还要对所有错误处理路径进行测试。对照设计说明书,检查源程序是否符合功能限定的逻辑要求,这是进行单元测试前的重要工作。单元测试一般是由程序员完成。

2. 组合测试

组合测试也称为集成测试或子系统测试,通常采用自顶向下测试和自底向上测试两种测试方法。组合测试的对象是指已经通过单元测试的模块,不是对零散模块进行单个测试,而是用系统化的方法装配和测试软件系统,是一个严格的过程,必须认真地进行,其计划的产生和单元模块测试的完成日期要协调起来,这种测试应在系统目标机上进行。造成系统应用的环境条件,除了开发部分项目负责人参加以外,还应该有相应系统的用户参加,给评审员进行演示。

3. 确认测试

确认测试是对已经进行过组合测试的软件进行的测试,这些软件已经存于系统目标设备的介质上,确认测试的目的是表明软件是可以工作的,并且符合"软件需求说明书"中规定的全部功能和性能要求。确认测试是按照这些要求确定出的"确认测试计划"进行的。测试工作通常是由一个独立的组织负责,而且测试要从用户的角度出发。

4. 系统测试

系统测试是对整体性能的测试,主要解决各子系统之间的数据通信和数据共享问题以及检测系统是否达到用户的实际要求,系统测试的依据是系统的分析报告。系统测试应在系统的整个范围内进行,这种测试不只是对软件进行,而是对构成系统的软、硬件一起进行。系统测试一般与系统的建构同时进行或稍微晚一点。系统测试需要从头到尾确认所有的功能都正常,才算完成任务,应当尽量避免将系统测试拖延到项目快结束时进行。

5. 用户验收测试

在系统测试完成后,应进行用户的验收测试,这是用户在实际应用环境中所进行的真实数据测试。

任务 6.3 软件调试技术

6.3.1 软件调试技术概述

软件测试的目的是尽可能多地暴露程序中的错误,但是,发现错误的最终目的还是为了改正错误。软件工程的根本目标是以较低成本开发出高质量的完全符合用户要求的软件,因此,在进行成功的测试之后,还必须进一步诊断和改正程序中的错误,这就是调试的任务。具体地说,调试过程由两个步骤组成,它从表示程序中存在错误的某些迹象开始,首先确定错误的准确位置,也就是找出哪个模块或哪些接口引起的错误;然后,仔细研究这段代码以确定问题的原因,并设法改正错误。其中第一个步骤(找出错误的位置)所需的工作量大约占调试总工作量的 95%,因此,本节着重讨论在有错误迹象时如何确定错误的位置。

有些人喜欢把问题的外部现象称为错误(外部错误),把问题的内在原因称为故障(内部错误)。在测试中暴露出一个错误之后,进行调试以确定与之相联系的故障。一旦确定了故障的位置,则修改设计和代码以便排除这个故障。为了确定故障,需要进行某些诊断测试,在修改设计和代码之后,为了保证故障确实被排除了,错误确实消失了,需要重复进行暴露了这个错误的原始测试以及某些回归测试(即重复某些以前做过的测试)。如果所做的改正是无效的,则重复上述过程直到找到一个有效的解决办法。有时修改设计和代码之后虽然排除了所发现的故障,但是却引起了新的故障,这些新引起的故障可能立即被发现(主要利用回归测试),也可能潜藏一段时间以后才被发现。

调试是软件开发过程中最艰巨的脑力劳动。调试开始时,软件工程师面对着错误的征兆,然而在问题的外部现象和内在原因之间往往并没有明显的联系,在组成程序的数以万计的元素(语句、数据结构等)中,每一个元素都可能是错误的根源。如何在浩如烟海的程序元素中找出有错误的那个(或几个)元素,这是调试过程中最关键的技术问题。人们已经研究出一些帮助调试的技术,当然更重要的还是调试的策略。

6.3.2 软件调试技术的分类

现有的调试技术主要有下述三类。

1. 输出存储器的内容

这种方法通常以八进制或十六进制的形式输出存储器的内容。如果单纯依靠这种方法

进行调试,那么效率可能是很低的,这种方法的主要缺点是:

（1）很难把存储单元和源程序变量对应起来。

（2）输出信息量极大,而且大部分是无用的信息。

（3）输出的是程序的静态图像(程序在某一时刻的状态),然而为了找出故障,往往需要研究程序的动态行为(状态随时间变化的情况)。

（4）输出的存储器内容常常并不是程序出错时的状态,因此往往不能提供有用的线索。

（5）输出信息的形式不易阅读和解释。

2. 打印语句

这种方法把程序设计语言提供的标准打印语句插在源程序各个部分,以便输出关键变量的值。它比第一种方法好一些,因为它显示了程序的动态行为,而且给出的信息容易和源程序对应起来。这种方法的缺点主要是:

（1）可能输出大量需要分析的信息,对于大型程序系统来说情况更是如此。

（2）必须修改源程序才能插入打印语句,但是这可能改变了关键的时间关系,从而既可能掩盖错误,也可能引进新的错误。

3. 自动工具

这种方法和第二种方法类似,也能提供有关程序动态行为的信息,但是并不需要修改源程序。它利用程序设计语言的调试功能或者使用专门的软件工具分析程序的动态行为。可供利用的典型语言功能是:执行输出有关语句、调用子程序和更改指定变量的踪迹。用于调试的软件工具的共同功能是设置断点,即当执行到特定的语句或改变特定变量的值时,程序停止执行,程序员可以在终端上观察程序此时的状态。使用这种调试方法也会产生大量无关的信息。

一般来说,在使用上述任何一种技术之前,都应该对错误的征兆进行全面、彻底的分析,通过分析对故障进行推测,然后再使用适当的调试技术检验推测的正确性,也就是说,任何一种调试技术都应该以试探的方式来使用。总之,首先需要进行周密的思考,使用一种调试方法之前必须有比较明确的目的,尽量减少无关信息的数量。

任务 6.4　测 试 报 告

6.4.1　软件测试报告概述

测试报告是把测试的过程和结果写成文档,并对发现的问题和缺陷进行分析,为纠正软件中存在的质量问题提供依据,同时为软件验收和交付打下基础。测试报告通常包括如下部分。

- 摘要;
- 关键字;
- 缺陷;
- 正文。

测试报告是测试阶段最后的文档产出物,优秀的测试工程师应该具备良好的文档编写能力,一份详细的测试报告包含足够的信息,包括对产品质量和测试过程的评价,测试报告基于测试中的数据采集以及对最终的测试结果进行分析。

6.4.2　软件测试报告模板

软件测试一般都遵循一个普遍规律。下面以常见的通用测试报告模板为例,详细介绍测试报告编写的具体要求及各部分的功能。通常包括以下 5 个部分。

1. 首页

（1）页面内容

首页的页面内容通常包括密级、标题、报告编号、相关负责人及单位和日期。

① 密级。通常测试报告供内部测试完毕后使用,因此密级为"中"。如果可供用户及更多的人阅读,密级为"低"。高密级的测试报告适合内部研发项目以及涉及保密行业和技术版权的项目。

② 标题。比如:××××项目/系统测试报告。

③ 报告编号。可供索引的内部编号或者用户要求分布提交时的序列号。

④ 相关负责人。例如,可以采用如下格式。

部门经理_____　项目经理_____

开发经理_____　测试经理_____

⑤ 单位名称及日期。可以采用如下格式。

×××公司××××单位(此处应包含用户单位以及研发此系统的公司)

××××年××月××日

（2）格式要求

标题一般采用大字体(如一号),加粗,宋体,居中排列。

副标题采用大字体,比标题小一号的字(如二号),加粗,宋体,居中排列。

其他内容采用四号字,宋体,居中排列。

（3）版本控制

一般采用如下格式:

版本、作者、时间、变更摘要

新建/变更/审核

2. 引言部分

（1）编写目的

即指本测试报告的具体编写目的,指出预期的读者范围。

实例:本测试报告为×××项目的测试报告,目的在于总结测试阶段的测试以及分析测试结果,描述系统是否符合需求(或达到×××功能目标)。预期参考人员包括用户、测试人员、开发人员、项目管理者、其他质量管理人员和需要阅读本报告的高层经理。

提示:通常用户只对部分测试结论感兴趣,开发人员希望从缺陷结果以及分析中得到产品开发质量的信息,项目管理者对测试中的成本、资源和时间较为重视,而高层经理希望能够阅读到简单的图表并且能够与其他项目进行横向比较。此种情况可以具体描述为什么类型的人可参考本报告×××页×××章节。阅读你的报告的人越多,你的工作越容易被人重视,其前提是必须让阅读者感到你的报告是有价值的而且值得去关注。

（2）项目背景

对项目目标和目的进行简要说明。必要时包括项目经过，这一部分不需要刻意编写，直接从需求分析或者招标文件中获得即可。

（3）系统简介

如果设计说明书中有此部分，可以参照编写。注意提供必要的框架图和网络拓扑图。

（4）术语和缩写词

列出设计本系统/项目的专用术语和缩写语约定。对于与技术相关的名词与多义词一定要注明清楚，以便阅读时不会产生歧义。

（5）参考资料

① 需求、设计、测试用例、手册以及其他项目文档都是在一定范围内可参考的内容。

② 测试使用的国家标准、行业指标、公司规范和质量手册等。

3. 测试概要

测试的概要介绍，包括测试的一些声明、测试范围、测试目的等，主要是测试情况简介。

（1）测试用例设计

简要介绍测试用例的设计方法。例如：等价类划分、边界值、因果图、逻辑覆盖法、错误推测法等。

提示：如果能够对设计进行具体说明，在其他开发人员、测试经理阅读的时候就容易对你的用例设计有一个整体的概念，在这里写上一些非常规的设计方法也是有利的，至少在没有看到测试结论之前就可以了解到测试经理的设计技术。重点测试部分一定要保证有两种以上不同的用例设计方法。

（2）测试环境与配置

简要介绍测试环境及其配置。比如可以包括以下的内容。

提示：如果系统/项目比较大，下面的清单则用表格方式列出。

- 数据库服务器配置
- CPU：2.6GHz
- 内存：1GB
- 硬盘：120GB
- 操作系统：Windows XP
- 应用软件：学生信息管理系统
- 机器网络名：PC-4032109
- 局域网地址：192.168.0.143
- 应用服务器配置

……

- 客户端配置

……

对于网络设备和要求也可以使用相应的表格。对于三层架构的网络设备，可以根据网络拓扑图列出相关配置。

（3）测试方法和工具

简要介绍测试中采用的方法和工具。

提示：主要是黑盒测试,测试方法可以写上测试的重点和采用的测试模式,这样可以一目了然地知道是否遗漏了重要的测试点和关键块。工具为可选项,当使用到测试工具和相关工具时,要予以说明。注意要注明是自产还是厂商生产,版本号是多少。在测试报告发布后要避免工具的版权问题。

4. 测试结果及缺陷分析

整个测试报告中这是最激动人心的部分,这部分主要汇总各种数据并进行度量。度量包括对测试过程的度量和能力评估、对软件产品的质量度量和产品评估。对于不需要过程度量或者相对较小的项目,例如用于验收时提交用户的测试报告、小型项目的测试报告,可省略过程方面的度量部分。而采用了CMM/ISO或者其他工程标准过程的,需要提供过程改进建议和参考的测试报告,该报告主要用于公司内部测试改进和缺陷预防机制,另外,过程度量也需要列出。

1) 测试执行情况与记录

描述测试资源消耗情况,记录实际数据。(测试、项目经理关注部分)

(1) 测试组织

可列出简单的测试组的架构图,包括以下方面:

- 测试组架构(如存在分组、用户参与等情况)
- 测试经理(领导人员)
- 主要的测试人员
- 参与的测试人员

(2) 测试时间

列出测试的跨度和工作量,最好区分测试文档和活动的时间。数据可供过程度量时使用。例如,可以包括以下内容。

- ×××子系统/子功能
- 实际开始时间和实际结束时间
- 总工时/总工作日
- 任务、开始时间、结束时间、总计
- 合计

提示：对于大系统/项目来说,最终要统计资源的总投入,必要时要增加成本一栏,以便管理者清楚地知道究竟花费了多少人力去完成测试。

- 测试类型、人员成本、工具设备、其他费用
- 总计

提示：在数据汇总时可以统计个人的平均投入时间和总体时间、整体投入的平均时间和总体时间,还可以算出每一个功能点所花费的时/人。

- 用时人员、编写用例、执行测试、总计
- 合计

提示：这部分用于过程度量的数据,包括文档生产率和测试执行率。

- 生产率人员、用例/编写时间、用例/执行时间、平均
- 合计

（3）测试版本

给出测试的版本。如果是最终报告,可能要报告测试次数回归测试多少次。列出表格清单则便于知道那个子系统/子模块的测试频度。对于多次回归的子系统/子模块,应让开发者予以关注。

2）覆盖分析

（1）需求覆盖

需求覆盖率是指经过测试的需求/功能和需求规格说明书中所有需求/功能的比值,通常情况下要达到100%的目标。需求覆盖率通常包括以下方面。

• 需求/功能(或编号)、测试类型、是否通过、备注

• [Y][P][N][N/A]

根据测试结果,按编号给出每一测试需求通过与否的结论。P表示部分通过,N/A表示不可测试或者用例不适用。实际上,需求跟踪矩阵列出了一一对应的用例情况以避免遗漏,以上内容的作用是传达需求的测试信息,以供检查和审核。

需求覆盖率计算方法如下:

$$Y 项 / 需求总数 \times 100\%$$

（2）测试覆盖

测试覆盖包括以下方面。

需求/功能(或编号)、用例个数、执行总数、未执行、漏测分析和原因

实际上,测试用例已经记载了预期结果的数据,测试缺陷上说明了实测结果数据与预期结果数据的偏差,因此没有必要对每个编号对应的缺陷记录与偏差进行说明,列表的目的仅在于更好地查看测试结果。

测试覆盖率计算方法如下:

$$执行数 / 用例总数 \times 100\%$$

3）缺陷的统计与分析

缺陷统计主要涉及被测系统的质量,因此,这一部分成为开发人员、质量人员重点关注的部分。

（1）缺陷汇总

缺陷汇总通常包括如下方面。

• 被测系统、系统测试、回归测试、总计

• 合计

缺陷汇总按严重程度可包括如下方面。

严重、一般、微小。

缺陷汇总按缺陷类型可包括如下方面。

用户界面、一致性、功能、算法、接口、文档、其他。

缺陷汇总按功能分布可包括如下方面。

功能一、功能二、功能三、功能四、功能五、功能六、功能七。

最好给出缺陷的饼状图和柱状图以便直观查看。俗话说"一图胜千言",图表能够使阅读者迅速获得信息,尤其是当各层次的管理人员没有时间去逐项阅读文章时。

（2）缺陷分析

本部分对上述缺陷和其他收集数据进行综合分析。通常用到如下公式。

- 缺陷发现效率＝缺陷总数/执行测试用时
- 用例质量＝缺陷总数/测试用例总数×100％
- 缺陷密度＝缺陷总数/功能点总数

由缺陷密度可以得出系统各功能或各需求的缺陷分布情况，开发人员可以在此分析基础上得出哪部分功能/需求的缺陷最多，从而在今后开发项目时注意避免并在实施时予与关注。测试经验表明，测试缺陷越多的部分，其实际隐藏的缺陷也越多。

另外，缺陷分析一般还包括以下部分。

- 测试曲线图（描绘被测系统每工作日/周缺陷数情况，得出缺陷走势和趋向）
- 重要缺陷摘要（一般分为缺陷编号、简要描述、分析结果、备注）

（3）残留缺陷与未解决的问题

① 残留缺陷

一般包括以下方面。

- 编号：BUG 号。
- 缺陷概要：该缺陷描述的事实。
- 原因分析：引起缺陷的原因，缺陷的后果，描述造成软件局限性和其他限制性的原因。
- 预防和改进措施：弥补手段和长期策略。

② 未解决的问题

一般包括以下方面。

- 功能/测试类型：即具体实现的功能和要测试的类型。
- 测试结果：与预期结果的偏差。
- 缺陷：具体描述。
- 评价：对这些问题的看法，也就是这些问题如果发出去了会造成什么样的影响。

5. 测试结论与建议

报告到了这一部分就只剩总结了，即对上述测试过程、缺陷分析下个结论。此部分一般被项目经理、部门经理以及高层经理所关注，所以要清晰扼要地下定论。

（1）测试结论

一般包括如下方面。

① 测试执行是否充分（可以增加对安全性、可靠性、可维护性和功能性描述）。

② 对测试风险的控制措施和成效。

③ 测试目标是否完成。

④ 测试是否通过。

⑤ 是否可以进入下一阶段项目要实现的目标。

（2）建议

一般包括如下方面。

① 对系统存在问题的说明，描述测试所揭露的软件缺陷和不足，以及可能给软件实施和运行带来的影响。

② 可能存在的潜在缺陷和后续应做的工作。

③ 对缺陷的修改和产品设计的建议。

④ 对过程改进方面的建议。

测试报告的内容大同小异，对于一些测试报告而言，可能将后面两部分合并，并逐项列出测试项、缺陷、分析和建议，这种做法也比较多见，尤其在第三方评测报告中。

任务 6.5　实　验　实　训

1. 实训目的

(1) 培养学生运用所学的理论知识和技能，分析解决计算机实际应用问题的能力。

(2) 培养学生调查研究，查阅技术文献、资料，以及编写软件测试报告的能力。

(3) 通过实训，掌握软件项目测试、软件调试的方法，以及软件测试报告的格式。

2. 实训要求

(1) 实训前做好上机实训的准备，针对实训内容，认真复习与本次实训有关的知识，完成实训内容的预习准备工作。

(2) 能认真独立地完成实训内容。

(3) 实训后做好实训总结，根据实训情况完成项目实训总结报告。

3. 实训学时

8 学时。

4. 实训项目：教师信息管理系统

运用所学课程知识，结合所学开发语言，对教师信息管理系统进行测试，写出教师信息管理应用系统的测试报告。

小　　结

目前软件测试仍然是保证软件可靠性的主要手段。测试阶段的根本任务是发现并改正软件中的错误。

软件测试是软件开发过程中的一项最艰巨、最繁重的任务，大型软件的测试应该分阶段地进行，通常至少分为单元测试、集成测试和验收测试三个基本阶段。

设计测试方案是测试阶段的关键技术问题，其基本目标是选用最少量的高效测试数据，做到尽可能完善地进行测试，从而尽可能多地发现软件中的问题。设计测试方案的实用策略是：用黑盒法(边界值分析、等价划分和错误推测法等)设计基本的测试方案，再用白盒法补充一些必要的测试方案。

应该认识到，软件测试不仅仅指利用计算机进行的测试，还包括人工进行的测试(例如代码审查)。两种测试途径各有优缺点，互相补充，缺一不可。

测试过程中发现的软件错误必须及时改正，这就是调试的任务。为了改正错误，首先必须确定故障的准确位置，这是调试过程中最困难的任务，需要周密审慎地思考和推理。改正错误常常包括修正原来的设计,必须通盘考虑而不能"头疼医头、脚疼医脚",应该尽量避免在调试过程中引进新的故障。

测试和调试是软件测试阶段的两个关系非常密切的过程,它们通常交替进行。

习　　题

1. 选择题

(1) 以消除瓶颈为目的的测试是(　　)。

　　A. 负载测试　　　　B. 性能测试　　　　C. 动态测试　　　　D. 覆盖测试

(2) 黑盒测试侧重于(　　)。

　　A. 软件的整体功能　　　　　　　　B. 有关代码的知识

　　C. 以上都是　　　　　　　　　　　D. 以上都不是

(3) 在下面列出的逻辑驱动覆盖测试方法中,逻辑覆盖准则最弱的是(　　)。

　　A. 条件覆盖　　　B. 判定覆盖　　　C. 语句覆盖　　　D. 判定—条件覆盖

(4) 从测试阶段角度出发,测试正确的顺序是(　　),同时给出所选择的正确策略含义和被测对象。

可供选择的测试:①单元测试;②集成测试;③系统测试;④验收测试。

　　A. ①　②　③　④　　　　　　　　B. ②　①　③　④

　　C. ③　②　①　④　　　　　　　　D. ③　①　②　④

2. 填空题

(1) 测试的主要目的是找出软件的_____。

(2) _____有助于检测和修复开发阶段中的错误。

(3) 大多情况下,程序员测试自己所编写的单元所采用的测试为测试分类中的_____测试。

(4) 对面向过程的系统采用的集成策略有_____和_____两种。

3. 简答题

(1) 谈谈软件测试的一些基本原则。

(2) 简要描述单元测试、集成测试、系统测试的内容,并说明它们各自的关注点是什么。

(3) 下面是选择排序的程序,其中 datalist 是数据表,它有两个数据成员:一个是元素类型为 Element 的数组 V;另一个是数组大小为 n。算法中用到两个操作,一是取某数组元素 V 的关键码操作 getKey(　　);二是交换两数组元素内容的操作 Swap(　　)。

```
void SelectSort(datalist & list){
//对表 list.V[0]到 list.V[n-1]进行排序, n 是表当前的长度
    for(int i=0; i<list.n-1; i++){
        int  k=i;
                    //在 list.V.key 到 list.V[n-1].key 中找具有最小关键码的对象
        for(int j=i+1; j<list.n; j++)
            if(list.V[j].getKey()<list.V[k].getKey())
```

```
            k=j;                                //当前具最小关键码的对象
        if(k !=i)Swap(list.V, list.V[k]);      //交换
    }
}
```

① 用基本路径覆盖法给出测试路径。

② 为各测试路径设计测试用例。

项目 7　软 件 维 护

【学习目标】
- 了解软件维护的目的。
- 了解软件维护的成本。
- 了解软件维护的方法。

在软件开发完成并交付用户使用后,就进入软件运行、维护阶段,此后的工作就是要保证软件在一个相当长的时间内能够正常运行,因此对软件的维护就成为必不可少的工作了。

任务 7.1　软件维护的目的

7.1.1　软件维护的原因

我们通过前面的学习已经完成了学生管理系统的开发,那么这个系统是不是投入使用就万事大吉了呢?我们知道,大部分的系统在使用当中都会出现一些意想不到的问题,而且随着时间的推移,用户也会提出一些新的要求,原有系统不能满足用户新的需要,这时就需要进行软件维护。

软件维护占用的工作量占整个生存期工作量的 70% 以上,这是由于在软件运行过程中要不断对软件进行修改,以改正新发现的错误、适应新的环境和用户新的要求。这些修改需要花费很多精力和时间,而且有时修改不正确,还会引入新的错误。同时,软件维护技术不像开发技术那样成熟、规范,自然消耗工作量就较多。

7.1.2　软件维护的定义

所谓软件维护就是在软件已经交付使用之后,为了改正错误或满足新的需要而修改软件的过程。我们可以通过描述软件交付使用后可能进行的四项活动来具体地定义软件维护的概念。

因为软件测试不可能暴露出一个大型软件系统中所有潜藏的错误,所以必然会有第一项维护活动。在任何大型程序的使用期间,用户必然会发现程序错误,并且把他们遇到的问题报告给维护人员。我们把诊断和改正错误的过程称为改正性维护。

计算机科学技术领域的各个方面都在迅速进步,大约每过 36 个月就有新一代的硬件宣告出现,经常推出新操作系统或旧系统的修改版本,时常增加或修改外部设备和其他系统部件;另一方面,应用软件的使用寿命却很容易超过十年,远远长于最初开发这个软件时的运行环境的寿命。因此,适应性维护,也就是为了与变化了的环境适当地配合而进行的修改软件的活动,是既必要又会经常进行的活动。

当一个软件系统顺利地运行时,常常出现第三项维护活动:在使用软件的过程中用户往往提出增加新功能或修改已有功能的建议,还可能提出一般性的改进意见。为了满足这类要求,需要进行完善性维护。这项维护活动通常占软件维护工作的大部分。

当为了改进未来的可维护性或可靠性,或为了给未来的改进奠定更好的基础而修改软件时,出现了第四项维护活动。这项维护活动通常称为预防性维护,目前这项维护活动相对来说比较稀少。

从上述关于软件维护的定义中不难看出,软件维护绝不仅限于纠正使用中发现的错误,事实上在全部维护活动中,一半以上的工作是进行完善性维护。

上述四类维护活动都必须应用于整个软件配置中,维护软件文档和维护软件的可执行代码是同样重要的。

7.1.3 软件维护的策略

根据前面介绍的软件维护定义,提出了一些策略,以控制软件维护的成本。

1. 改正性维护

通常要生成 100% 可靠的软件并不一定合算,成本太高了。通过新技术,可大大提高可靠性,并减少进行改正性维护的需要。这些技术包括:数据库管理系统、软件开发环境、程序自动生成系统、较高级语言,应用这 4 种方法可产生更加可靠的代码。此外,还可利用应用软件包,开发出比完全由用户自己开发的系统可靠性更高的软件。

2. 适应性维护

适应性维护不可避免,但可以控制。主要方法如下。

(1)适应性维护在配置管理时,把硬件、操作系统和其他相关环境因素的可能变化考虑在内,可以减少某些适应性维护的工作量。

(2)把硬件、操作系统以及其他外围设备有关的程序归到特定的程序模块中,可把因环境变化而必须修改的程序局限于某些程序模块中。

(3)使用内部程序列表、外部文件以及处理的例行程序包,可为维护时修改程序提供方便。

3. 完善性维护

完善性维护用前两类维护中列举的方法,也可以减少这一类维护。特别是数据库管理系统、软件应用包,可大大减少系统或程序员维护的工作量。此外,建立软件系统的原型,把它在实际系统开发之前提供给用户。用户通过研究原型,进一步完善他们的功能要求,就可以减少以后完善性维护的需要。

4. 预防性维护

预防性维护是"把今天的方法学用于昨天的系统以满足明天的需要",此种维护能为以后进一步改进软件打下良好的基础。

任务 7.2　软件维护的成本

7.2.1　影响软件维护的因素

在软件的维护过程中,需要花费大量的人力和时间成本,从而直接影响了软件维护的成本。因此,应当考虑有哪些因素影响软件维护的工作量,相应地应该采取什么维护策略才能有效地维护软件并控制维护的成本。在软件维护中,影响维护工作量的程序特性有以下几种。

1. 系统的大小

系统越大,理解掌握起来就越困难,所执行的功能也就越复杂,因而需要更多的维护工作量。系统大小可用源程序语句数、程序数、输入/输出文件数、数据库所占字节数及预定义的用户报表数来度量。

2. 程序设计语言

使用功能性强的程序设计语言可以控制程序的规模。语言的功能越强,生成程序所需的指令数就越少;语言功能越弱,实现同样功能所需的语句就越多,程序也就越大。

3. 系统年龄

老系统比新系统需要更多的维护工作量。随着老系统不断地进行修改,其结构就越乱;由于维护人员经常更换,程序也变得越来越难以理解。而且许多老系统在当初并未按照软件工程的要求进行开发,因而没有文档或文档太少,或在长期的维护过程中文档在许多地方与程序的实现变得不一致,这样在维护时就会遇到很大的困难。

4. 数据库技术的应用

使用数据库可以简单而有效地管理和存储用户程序中的数据。数据库工具可以很方便地修改和扩充报表。

5. 其他

例如,应用的类型、数学模型、任务的难度、索引和下标数等,对维护工作量都有影响。

7.2.2　软件维护成本的分析

根据上面介绍的影响软件维护的因素,我们可以知道,软件维护的成本不仅包括有形的,还包括无形的。

(1) 有形成本。在过去的几十年中,软件维护的费用稳步上升。1970 年用于维护已有软件的费用只占软件总预算的 35%～40%,1980 年上升为 40%～60%,1990 年上升为70%～80%。维护费用只不过是软件维护的最明显的代价,其他一些现在还不明显的代价将来可能更为人们所关注。

(2) 无形成本。因为可用的资源必须供给维护任务使用,以致耽误甚至丧失了开发的良机,这是软件维护的一个无形的代价。其他无形的代价还有:当看来合理的有关改错或修改的要求不能及时满足时将引起用户的不满;由于维护时的改动,在软件中引入了潜伏的故障,从而降低了软件的质量;当必须把软件工程师调去从事维护工作时,将在开发过程中造成混乱。

用于维护工作的劳动可以分成生产性活动(例如,分析评价、修改设计和编写程序代码等)和非生产性活动(例如,理解程序代码的功能,并解释数据结构、接口特点和性能限度等)。下述表达式给出维护工作量的一个模型:

$$M = P + K \times \exp(c - d)$$

式中,M 是维护用的总工作量;P 是生产性工作量;K 是经验常数;c 是复杂程度(非结构化设计和缺少文档都会增加软件的复杂程度);d 是维护人员对软件的熟悉程度。

上面的模型表明,如果软件的开发途径不好,即没有使用软件工程方法论,而且原来的开发人员不能参加维护工作,那么维护工作量和费用将呈指数性地增加。

维护过程本质上是修改和压缩了软件的定义和开发过程,而且事实上在提出一项维护要求之前,与软件维护有关的工作已经开始了。首先必须建立一个维护组织,随后必须确定报告和评价的过程,而且必须为每个维护要求规定一个标准化的事件序列。此外,还应该建立一个适用于维护活动的记录保管过程,并且规定复审标准。

任务 7.3　软件维护的方法

7.3.1　维护组织

虽然通常并不需要建立正式的维护组织,但是,即使对于一个小的软件开发团体而言,非正式地委托责任也是绝对必要的。每个维护要求都通过维护管理员转交给相应的系统管理员去评价。系统管理员是被指定去熟悉一小部分产品程序的技术人员。系统管理员对维护任务做出评价之后,由变化授权人决定应该进行的活动。图 7-1 描绘了上述组织方式。

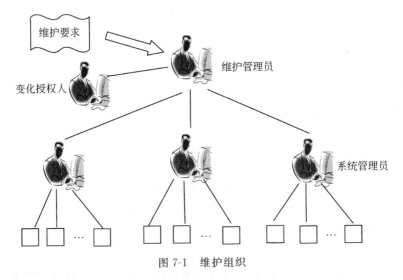

图 7-1　维护组织

在维护活动开始之前就明确维护责任是十分必要的,这样做可以大大减少维护过程中可能出现的混乱。

7.3.2　维护报告

应该用标准化的格式表达所有软件的维护要求。软件维护人员通常给用户提供空白的维护要求表——有时称为软件问题报告表,这个表格由要求一项维护活动的用户填写。如果遇到了一个错误,那么必须完整地描述导致出现错误的环境(包括输入数据、全部输出数据以及其他的有关信息)。对于适应性或完善性的维护要求,应该提出一个简短的需求说明书。如前所述,由维护管理员和系统管理员评价用户提交的维护要求表。

维护要求表是一个外部产生的文件,它是计划维护活动的基础。软件组织内部应该制定出一个软件修改报告,它给出了下述信息:

(1) 满足维护要求表中提出的要求所需要的工作量。

(2) 维护要求的性质。

(3) 这项要求的优先次序。

(4) 与修改有关的事后数据。

在拟订进一步的维护计划之前,把软件修改报告提交给变化授权人审查批准。

7.3.3　维护的事件流

图 7-2 描绘了由一项维护要求而引出的一串事件。首先应该确定要求进行维护的软件类型。用户常常把一项要求看作了改正软件的错误(改正性维护),而开发人员可能把同一项要求看作适应性或完善性维护。当存在不同意见时必须协商解决。

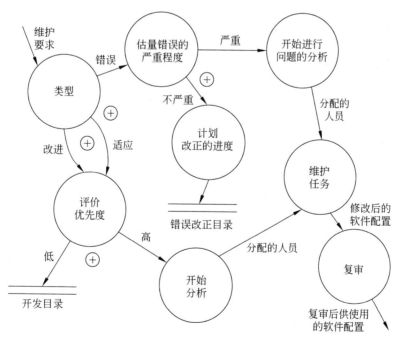

图 7-2　维护阶段的事件流

从事件流可以看到,对一项改正性维护要求(图中"错误"通路)的处理,从估量错误的严重程度开始。如果是一个严重的错误(例如,一个关键性的系统不能正常运行),则在系统管理员的指导下分派人员,并且立即开始问题分析的过程。如果错误并不严重,那么改正性的维护和其他要求软件开发资源的任务应一起统筹安排。

适应性维护和完善性维护的要求沿着相同的事件流通路前进。应该确定每个维护要求的优先次序,并且安排要求的工作时间,就好像它是另一个开发任务一样(从所有意图和目标来看,它都属于开发工作)。如果一项维护要求的优先次序非常高,可能需要立即开始维护工作。

不管维护的类型如何,都需要进行同样的技术工作,这些工作包括修改软件的设计、复查、必要的代码修改、单元测试和集成测试(包括使用以前测试方案的回归测试)、验收测试和复审。不同类型的维护强调的重点不同,但是基本途径是相同的。维护事件流中最后一个事件是复审,它再次检验软件配置的所有成分的有效性,并且保证事实上满足了维护要求表中的要求。

当然,也有并不完全符合上述事件流的维护要求。当发生恶性的软件问题时,就出现所谓的“救火”维护要求,这种情况需要利用资源来解决问题。如果对一个组织来说,“救火”是常见的过程,那么必须怀疑它的管理能力和技术能力。

在完成软件维护任务之后,进行处境复查常常是有好处的。一般来说,这种复查试图回答下述问题:

(1) 在当前处境下设计、编码或测试的哪些方面能用不同方法进行?

(2) 哪些维护资源是应该有而事实上却没有的?

(3) 对于这项维护工作,什么是主要的(以及次要的)障碍?

(4) 要求的维护类型中有预防性维护吗?处境复查对将来维护工作的进行是否有重要影响?所提供的反馈信息对有效地管理软件组织是否十分重要?

7.3.4 保存维护记录

对于软件生命周期的所有阶段而言,以前记录的保存都是不充分的,而软件维护记录则根本没有保存下来。由于这个原因,我们往往不能估价维护技术的有效性,不能确定一个产品程序的“优良”程度,而且很难确定维护的实际代价是什么。

保存维护记录遇到的第一个问题就是,哪些数据是值得记录的? 可以考虑下述内容:

(1) 程序标识;

(2) 源语句数;

(3) 机器指令条数;

(4) 使用的程序设计语言;

(5) 程序安装的日期;

(6) 自从安装以来程序运行的次数;

(7) 自从安装以来程序失效的次数;

(8) 程序变动的层次和标识;

(9) 因程序变动而增加的源语句数;

(10) 因程序变动而删除的源语句数;

(11) 每个改动耗费的人时数;

(12) 程序改动的日期;

　　（13）软件工程师的名字；

　　（14）维护要求表的标识；

　　（15）维护类型；

　　（16）维护开始和完成的日期；

　　（17）累计用于维护的人时数；

　　（18）与完成的维护相联系的纯效益。

　　应该为每项维护工作都收集上述数据。可以利用这些数据构成一个维护数据库的基础，并且应对它们进行评价。

7.3.5　评价维护活动

　　缺乏有效的数据就无法评价维护活动。如果已经开始保存维护记录了，则可以对维护工作做一些定量度量。至少可以从下述七个方面度量维护工作：

　　（1）每次程序运行平均失效的次数；

　　（2）用于每一类维护活动的总人时数；

　　（3）平均每个程序、每种语言、每种维护类型所做的程序变动数；

　　（4）维护过程中增加或删除一条源语句平均花费的人时数；

　　（5）维护每种语言平均花费的人时数；

　　（6）一张维护要求表的平均周转时间；

　　（7）不同维护类型所占的百分比。

　　根据对维护工作定量度量的结果，可以做出关于开发技术、语言选择、维护工作量规划、资源分配及其他许多方面的决定，而且可以利用这样的数据去分析评价维护任务。

任务 7.4　软件可维护性

　　维护困难的原因在于文档和源程序难以理解且难以修改。软件开发没严格按软件工程的要求，遵循特定的软件标准或规范进行，因此会造成软件维护工作量加大，成本上升，修改出错率升高。由于维护工作面广，维护难度大，稍有不慎，就会在修改中给软件带来新的问题。所以，为了使得软件能够易于维护，必须考虑使软件具有可维护性。

7.4.1　软件可维护性的定义

　　软件可维护性是指纠正软件系统出现的错误与缺陷，为满足新的要求而对软件进行修改、扩充或压缩的容易程度。可维护性与可使用性、可靠性是衡量软件质量的几个主要指标。

　　目前广泛使用如下的 7 种特性来衡量程序的可维护性。

1. 可理解性

　　可理解性表明人们通过阅读源代码和相关文档，了解程序功能及其如何运行的容易程度。一个可理解的程序主要应具备以下一些特性：模块化——模块结构良好、功能完整、简明；风格一致性——代码风格及设计风格的一致性；完整性——对输入数据进行完整性检查等。

对可理解性,可以使用"90-10 测试"的方法来衡量。即把一份待测试的源程序清单拿给一位有经验的程序员阅读 10 分钟,然后拿走程序清单,让这位程序员凭自己的理解和记忆,写出该程序的 90%。如果程序员写出来了,则认为这个程序具有可理解性,否则要重新编写。

2. 可靠性

可靠性表明一个程序按照用户的要求和设计目标,在给定的一段时间内正确执行的概率。关于可靠性的度量标准主要有:平均失效间隔时间、平均修复时间、有效性。

度量可靠性的方法有 2 种:

(1) 根据程序错误统计数字,进行可靠性预测。常用方法是利用一些可靠性模型,根据程序测试时发现并排除错误数,并预测平均失效的间隔时间。

(2) 根据程序的复杂性,预测软件的可靠性。程序复杂性度量标准可用于预测哪些模块最可能发生错误,以及可能出现的错误类型。了解了错误类型及它们在哪里可能出现,就能更快地查出和纠正更多的错误,提高可靠性。

3. 可测试性

可测试性表明论证程序正确性的容易程度,程序越简单,证明其正确性就越容易。设计好用的测试用例,取决于对程序的全面理解。因此,一个可测试的程序应当是可理解的、可靠的和简单的。

对于程序模块,可用程序复杂性来度量可测试性。程序的环路复杂性越大,程序的路径就越多。因此,全面测试程序的难度就越大。

4. 可修改性

可修改性是程序容易修改的程度。可修改的程序应当是可理解的、通用的、灵活的和简单的。其中,通用型是指程序适用于各种功能变化而不必修改。灵活性是指能够容易地对程序进行修改。

5. 可移植性

可移植性表明程序转移到一个新的计算环境的可能性大小,或者它表明程序可以容易地、有效地在各种各样的计算环境中运行的容易程度。一个可移植的程序应具有结构良好、灵活、不依赖于某一具体计算机或操作系统的性能。

6. 可使用性

从用户观点出发,把可使用性定义为程序方便、实用及易于使用的程度。一个可使用的程序应是易于使用的、能允许用户出错和改变,并尽可能不使用户陷入混乱状态的程序。

7. 效率

效率表明一个程序能执行预定功能而又不浪费机器资源的程度。这些机器资源包括内存容量、外存容量、通道容量和执行时间。

对于不同类型的维护,这 7 种特性的侧重点也不同。可理解性、可测试性、可修改性和可靠性,侧重于改正性维护;可修改性、可移植性和可使用性则侧重于适应性维护;可使用性和效率侧重于完善性维护。这些质量特性通常体现在软件产品的诸多方面,为使每一个特性都达到预定的要求,需要在软件开发的各个阶段采取相应的措施加以保证。因此,软件的可维护性是产品投入运行前,各阶段面向上述特性要求进行开发的最终结果。

7.4.2　提高软件可维护性的方法

提高软件的可维护性需从以下 5 个方面着手：

（1）建立明确的软件质量目标和优先级。可维护性的某些特性是相互促进的或相互抵触的。例如，可理解性与可测试性是相互促进的，而效率和可修改性是相互抵触的。因此，尽管可维护性要求每一特性都要得到满足，但它们的相对重要性应随程序的用途及计算环境的不同而不同。例如，对编译程序来说，强调效率；对管理信息系统来说，强调可使用性与可维护性。所以，对程序的特性在提出目标的同时还必须规定它们的优先级。

（2）使用提高软件质量的技术和工具。主要是使用结构化程序设计技术，提高现有系统的可维护性。

（3）进行明确的质量保证审查。质量保证审查对于获得和维持软件的质量是一个很有用的技术。除保证软件得到适当的质量外，审查还可以用来检测在开发和维护阶段内发生的质量变化。一旦检测出问题来就可以采取措施进行纠正，以控制不断增长的软件维护成本，延长软件系统的有效生命周期。

（4）选择可维护的程序设计语言。语言的类型对程序的可维护性影响较大，低级语言维护难度大，高级语言维护容易。从维护角度看，第四代语言比其他语言更容易维护。

（5）改进程序的文档。程序文档对提高程序的可理解性有着重要作用。文档好的程序容易操作，易于更新，便于理解。程序越长、越复杂，则对文档的需要就越迫切。在维护阶段，利用历史文档可以大大简化维护工作。

任务 7.5　实　验　实　训

（1）根据本书给出的教师管理系统，请列出此系统维护需要的人员。
（2）请问教师管理系统进行维护时哪些数据是需要记录的？

小　　　结

维护是软件生命周期的最后一个阶段，也是持续时间最长、代价最大的一个阶段。软件工程学的主要目的就是提高软件的可维护性，降低维护的代价。

软件维护通常包括四类活动：为了纠正在使用过程中暴露出来的错误而进行的改正性维护，为了适应外部环境的变化而进行的适应性维护，为了改进原有的软件而进行的完善性维护，以及为了改进将来的可维护性和可靠性而进行的预防性维护。

软件的可理解性、可测试性和可修改性是决定软件可维护性的基本因素。软件生命周期每个阶段的工作都和软件可维护性有密切关系。良好的设计、完善的文档资料，以及一系列严格的复审和测试，使得一旦发现错误时比较容易诊断和纠正；当用户有新的要求或者外部环境变化时软件能较容易地适应，并且能够减少因维护而引入的错误。因此，在软件生命周期的每个阶段都必须充分考虑维护的问题，并且为软件维护提前做好准备。

　　文档是影响软件可维护性的决定因素,因此,文档甚至比可执行的程序代码更重要。文档可分为用户文档和系统文档两大类。不管是哪一类文档,都必须和程序代码同时维护,只有与程序代码完全一致的文档才是真正有价值的文档。

习　　题

1. 什么是软件维护?
2. 请阐述软件维护的各种策略。
3. 请列举几种提高软件的可维护性方法。

项目 8　软件项目的管理

【学习目标】
- 了解软件项目管理的工作范围。
- 了解进度计划。
- 了解风险管理。
- 了解质量管理。

随着信息技术的飞速发展,软件产品的规模也越来越庞大,个人单打独斗的作坊式开发方式已经越来越不适应发展的需要。各软件企业都在积极地将软件项目管理引入开发活动中,对开发实行有效的管理。

在经历了几个像操作系统开发这样的大型软件工程项目的失败以后,人们才逐渐认识到软件管理中的独特问题。事实上,这些工程项目的失败并不是由于从事开发工作的软件工程师无能,正相反,他们之中的绝大多数是当时杰出的技术专家。这些工程项目的失败主要是由于使用的管理技术不适当。

总结历史经验教训,逐渐形成了软件工程这门新学科,它包括方法、工具和管理等广泛的研究领域。十几年来已经研究出一些用于软件规格说明、设计、实现和验证的先进方法学,对软件管理的认识也有一定的进步。但是,在软件管理方面的进步远比在设计方法学和实现方法学方面的进步小,至今还提不出一套管理软件开发的通用指导原则。

任务 8.1　项 目 管 理

"项目"一词最早于 20 世纪 50 年代在汉语中出现。项目是指一系列独特的、复杂的并相互关联的活动,这些活动有着一个明确的目标或目的,必须在特定的时间、预算、资源限定内,依据规范完成。项目参数包括项目范围、质量、成本、时间、资源。

项目管理(project management)是美国最早的曼哈顿计划开始的名称,后由华罗庚教授于 20 世纪 50 年代引进中国,之前叫作统筹法和优选法,中国台湾地区叫作项目专案。

项目管理是"管理科学与工程"学科的一个分支,是介于自然科学和社会科学之间的一门边缘学科。项目管理就是指把各种系统、方法和人员结合在一起,在规定的时间、预算和质量目标范围内完成项目的各项工作,是基于被接受的管理原则的一套技术方法。这些技术或方法用于计划、评估、控制工作活动,保证项目以按时、按预算、依据质量目标范围的标准达到最终的理想效果。

8.1.1　项目管理的定义

"项目管理"给人的一个直观概念就是"对项目进行的管理",这也是其最原始的概念,它说明了两个方面的内涵：

(1) 项目管理属于管理的大范畴。

(2) 项目管理的对象是项目。

然而，随着项目及其管理实践的发展，项目管理的内涵得到了较大的充实和发展，当今的"项目管理"已是一种新的管理方式、一门新的管理学科的代名词。可见，"项目管理"一词有两种不同的含义，其一是指一种管理活动，即一种有意识地按照项目的特点和规律，对项目进行组织管理的活动；其二是指一种管理学科，即以项目管理活动为研究对象的一门学科，它是探求项目活动科学组织管理的理论与方法。前者是一种客观实践活动，后者是前者的理论总结；前者以后者为指导，后者以前者为基础。就其本质而言，两者是统一的。

其于以上观点，我们给项目管理定义如下：项目管理就是利用以项目为对象的系统管理方法，通过一个临时性的专门的柔性组织，对项目进行高效率的计划、组织、指导和控制，以实现项目全过程的动态管理和项目目标的综合协调与优化。所谓实现项目全过程的动态管理是指在项目的生命周期内，不断进行资源的配置和协调，不断做出科学决策，从而使项目执行的全过程处于最佳期的运行状态，产生最佳的效果。所谓项目目标的综合协调与优化是指项目管理应综合协调好时间、费用及功能等约束性目标，在相对较短的时期内成功地达到一个特定的成果性目标。项目管理的日常活动通常是围绕项目计划、项目组织、质量管理、费用控制、进度控制等五项基本任务来展开的。项目管理贯穿于项目的整个生命周期，它使用的是一种既有规律又经济的方法。

对项目进行高效率的质量考核，并注重将当前的执行情况与前期进行比较。在典型的项目环境中，尽管一般的管理办法也适用，但管理结构须以任务(活动)定义为基础来建立，以便进行时间、费用和人力的预算控制，并对技术、风险进行管理。在项目管理过程中，项目管理者并不对资源的调配负责，而是通过各个职能部门调配并使用资源，但最后决定什么样的资源可以调拨，取决于业务领导。

一般来说，列作项目管理对象的一般是指技术上比较复杂、工作量比较繁重、不确定性因素很多的任务或项目。第二次世界大战期间美国对原子弹以及后来的阿波罗计划等重大科学实验项目就是最早采用项目管理的典型例子。项目管理的组织形式在 20 世纪五六十年代开始被广泛应用，尤其在电子、核工业、国防和航空航天等工业领域中应用更多，目前项目管理已经应用在几乎所有的工业领域中。项目管理是以项目经理(project manager)负责制为基础的目标管理。

一般来讲，项目管理是按任务(垂直结构)而不是按职能(平行结构)组织起来的。项目管理的主要任务一般包括项目计划、项目组织、质量管理、费用控制、进度控制等五项。日常的项目管理活动通常是围绕这五项基本任务展开的。项目管理自诞生以来发展很快，当前已发展为如下的三维管理。

(1) 时间维，即把整个项目的生命周期划分为若干个阶段，从而进行阶段管理。

(2) 知识维，即针对项目生命周期的各不同阶段，采用不同的管理技术方法。

(3) 保障维，即对项目中的人、财、物、技术、信息等的后勤保障管理。

8.1.2 项目管理的要素

1. 一个成功项目的三要素

一个成功的项目，通常有三个要素：

（1）时间要素——完成的时间要"快"。

（2）成本要素——完成的成本要"便宜"。

（3）效果要素——完成后的表现要"好"，有时也叫作质量要素。

它们之间存在着相互作用、相互协调、相互制约的关系。如何在项目的实施过程把握其中的内在规律，使三个要素能够齐头并进、协调发展，是满足项目成功的关键，也是项目管理者始终关心的核心问题。项目管理者要能够掌握住三个要素之间均衡发展的度，才能以最经济的代价平衡项目干系人的利益，满足项目干系人的需求。

2. 项目良好运作的三要素

项目的良好运作有赖于三大要素：人员、流程和工具。人贡献创意和智慧；流程用于弥补人的不足；工具意在提高人和流程的效率。

（1）要素一：人员

在任何项目中，人都占据最重要的位置。没有人的参与，项目就无法进行。

任何项目都离不开人的创造力。为实现某个目标或满足某种需求，人利用自己已有的知识和经验，从一个概念跃至另一概念，实现直觉上的飞跃。他们以此为跳板，探索未知世界，产生新的创意。他们会找出可以用来解决问题和应对挑战的新概念、新联系和新方法。

（2）要素二：流程

人所具有的缺点会影响到他有效地利用创造力、远见和智慧。流程能以某些方式弥补人的这些不足，使他的时间和精力得到有效利用。最佳流程并不会产生额外的工作。相反，它们服务于特定的目标，致力于确保项目的效率和一致性，且对使用它们的人来说往往是"隐形"的。

（3）要素三：工具

流程有助于人规避自己的不足，从而大展拳脚。尽管项目参与人员有时能够有效地执行流程，但并非总是如此。另外，很多流程对人的工作效率具有负面影响。有些流程由于十分繁琐，即便它们可以解决一些问题，也会引发新的问题。此时，工具成为确保人们有效执行真正有用的流程的关键。

这三大要素在项目中的地位不尽相同：人是第一要素，而工具发挥的是配角的作用，为人和流程提供支持。要确保项目取得成功，就必须在这三大要素之间取得平衡。

8.1.3 项目管理的特性

工作总是以两类不同的方式来进行的，一类是持续和重复性的；另一类是独特和一次性的。任何工作均有许多共性，比如：

- 要由个人和组织机构来完成；
- 受制于有限的资源；
- 遵循某种工作程序；
- 要进行规划、执行、控制等。

项目管理具有以下特性。

1. 一次性

一次性是项目与其他重复性运行或操作工作最大的区别。项目有明确的起点和终点，没有可以完全照搬的先例，也不会有完全相同的复制。项目的其他属性也是从这一主要的特征衍生出来的。

2. 独特性

每个项目都是独特的,或者其提供的产品或服务有自身的特点,或者其提供的产品或服务与其他项目类似,然而其时间和地点,内部和外部的环境,自然和社会条件有别于其他项目,因此项目的过程总是独一无二的。

3. 目标的确定性

项目必须有确定的目标:

(1) 时间性目标。如在规定的时段内或规定的时点之前完成。

(2) 成果性目标。如提供某种规定的产品或服务。

(3) 约束性目标。如不超过规定的资源限制。

(4) 其他需满足的要求,包括必须满足的要求和尽量满足的要求。

目标的确定性允许有一个变动的幅度,也就是可以修改。不过一旦项目目标发生实质性变化,它就不再是原来的项目了,而将产生一个新的项目。

4. 活动的整体性

项目中的一切活动都是相关联的,构成一个整体。多余的活动是不必要的,缺少某些活动必将损害项目目标的实现。

5. 组织的临时性和开放性

项目班子在项目的全过程中,其人数、成员、职责是在不断变化的。某些项目班子的成员是借调来的,项目终结时班子要解散,人员要转移。参与项目的组织往往有多个,多数为矩阵组织,甚至有几十个或更多。他们通过协议或合同以及其他的社会关系组织到一起,在项目的不同时段不同程度地介入项目活动。可以说,项目组织没有严格的边界,是临时性和开放性的,这一点与一般企、事业单位和政府机构组织很不一样。

6. 成果的不可挽回性

项目的一次性属性决定了项目不同于其他事情可以试做,做坏了可以重来;也不同于生产批量产品,合格率达 99.99% 是很好的了。项目在一定条件下启动,一旦失败就永远失去了重新进行原项目的机会,项目的运作有较大的不确定性和风险。

8.1.4 项目管理的流程

只要流程界定清晰,项目经理就能保证项目的发展方向与最终目标相契合。从广义上而言,要掌控各种类型项目的发展,首先要关注十个关键的流程。

1. 生命周期与方法论

项目的生命周期与方法论是项目的纪律,为项目开展划出了清晰的界限,以保证项目进程。生命周期主要是协调相关项目,而方法论为项目进程提供了持续稳定的方式方法。

生命周期通常由项目的阶段组成(包括:开始、规划、执行/控制、完成),或由工作的重复周期构成。项目生命周期的细节一般都会随具体业务、项目、客户要求而改变。因此即使在同一个项目中,周期也会有多种可能的变化。对工作细致度、文件管理、项目交付、项目沟通的要求体现在生命周期标准和考核的方方面面。大项目的开发阶段一般更多更长,而小项目的开发阶段少,考核点也少。

与生命周期类似,项目方法也因项目的不同而有所区别,细节关注程度高。产品开发项目的方法经常涉及使用何种工具或系统,以及如何使用。信息技术项目的方法包括版本控制标准、技术文档管理、系统开发的各个方面。

项目方法往往不是由项目团队自行确定,而由公司为所有项目设定。采用与否,其实项目团队没有太多选择。公司管理层设定的方法本身代表权威,也是作为项目领导获得项目控制权的一个途径。考虑项目方法某方面的作用时,始终要把握其对项目人员管理的效率,即在可能出现问题的地方争取正面效应。

2. 项目的定义

清晰的项目描述决定了项目的控制能力,因为接下来所有工作都在描述范畴之内。不管为何要进行描述,要对项目进行书面定义,让项目各方和项目组随时参考。

项目定义的形式和名称各式各样,包括:项目章程、提案、项目数据表、工作报告书、项目细则。这些名称的共同点在于,项目主管方和其他相关各方面从上而下地传达了他们对项目的期待。清晰的项目定义还包括以下方面:

- 项目目标陈述(一小段文字,对项目交付成果、工期、预期成本或人力进行高层次的描述)。
- 项目回报(包括商业案例或投资分析的回报)。
- 使用中的信息或客户需求。
- 对项目范围进行定义,列出所有预期的项目成果。
- 成本和时间预算目标。
- 重大困难和假设。
- 描述该项目对其他项目的依赖。
- 高风险,所需的新技术,项目中的重大问题。

努力将尽可能多的具体信息囊括在项目描述或章程中,并使其在项目主管方和相关方面获得认可,进而生效。

3. 合同与采购管理

不管在组织内有多大的影响力和权力,对受雇于其他公司的项目成员的影响会比较小。虽然不一定普遍适用,但可以尽量不将项目工作外包,这是提高项目控制力的一个技巧。在考虑启用合同商或外部顾问之前,对整体采购流程进行重检。

建立成功的外包关系需要时间和精力,这些工作要及早着手。为了不耽误项目的工期,要及时做到所有细节到位,所有合同及时签订。打算外包哪部分项目交付成果,对这部分工作的细化就是实施项目控制的着手点。应记录这些细化内容、评估和接收标准、所有相关要求、必要的时间规划。项目定义信息一定要包括在合同之内,相关责任应及早确定。与所有考虑到的供应商讨论这些要求,这样项目期望才会在各方之间明晰。

4. 项目的规划、执行、跟踪

作为项目的领导,通过制订有力的规划,跟踪并执行流程,可以建立项目控制的基础,并尽量争取各方面的支持,进而在项目内全面推广。

让项目组成员参与规划和跟踪活动,这可以争取大家的支持并提高积极性。睿智的项目领导往往大范围地鼓励参与,并通过流程汇聚大家的力量。当大家看到自己的努力以及对项目的贡献被肯定的时候,项目很快就从“他们的项目”变成“我们的项目”。当项目成员视项目工作为己任的时候,项目控制就会简单得多。较之于漠不关心的团队,此时的项目管理成功的概率更大。运用项目管理流程也会鼓励项目成员的合作,这也让项目控制工作更加轻松。

5. 变化管理

技术性项目中问题最集中的方面就是缺少对具体变化的管理控制。要解决这个问题,需要在项目的各个方面启用有效的变化管理流程。

解决方法可以很简单,例如被项目团队、项目主办方、相关方认可的流程图。这提醒了项目人员,变化在被接受之前,他们会进行细致的考察,并且提高了变化提案的门槛。

审查变化提案的时候,要注意该提案是否对变化有清晰到位的描述。如果变化提案的动因描述得不清楚,该提案就要打回去,并且要求对变化所带来的益处进行定量评估。对于那些仅局限于技术解决方案的变化提案,要多打几个问号,因为提案人也许不能全面地判断问题。如果变化提案过多地关注问题的解决,而不注重实际问题,应打回去并要求关注具体的业务形势。

最后,如果不接受某个变化提案,一定要做到有理有据,而且要对项目的时间、成本、精力等其他相关因素所受的影响进行合理的估计。

6. 风险管理

风险管理的流程能使我们制订出全面的规划,找出潜在的麻烦,就风险问题的解决方法达成一致,根除严重的问题。

风险管理要做到事半功倍,就要与项目规划同时进行。进行项目工作分解安排时,应注意是否存在对项目活动的不恰当理解;分配项目任务和开展评估时,应寻找风险;一名资深顾问认为资源匮乏或项目资源不足,或项目工作依赖于某一个人时,要知道风险的存在。分析项目工作将遇到的困难,鼓励所有参与规划的人在规划过程中设想最坏的情况和潜在的困难。

7. 质量管理

质量管理提供了另一套搭建项目结构的流程,保证项目领导提出的工作要求全部执行到位。项目质量的标准分两类:行业内实行的全球质量标准,公司或项目独有的质量标准。

如果公司实行或接受了质量标准,要注意该标准对团队有何要求。具体而言,这些标准会包括 ISO 9000 标准。进而确定质检清单、质控流程及相关要求,并将其与项目规划进行整合。项目必须遵守的书面步骤、报告、评估,对团队成员是强有力的推动,让大家步调一致。标准比项目管理者的临时要求更有效。

质量管理流程还能将项目要求与客户心声联系起来。只要是在传递客户或用户的要求,我们都要加以强调。市场调查、标杆分析、客户访谈都是评估和记录用户需求并确定项目要求价值的好工具。

8. 问题管理

项目开展过程中问题的出现不可避免。在项目初期,在资源、工期、优先事项等其他方面为项目的问题管理确定流程。争取让团队支持及时发现、跟踪、解决问题的流程规定。建立跟踪流程,记录当前的问题。问题记录信息包括:问题描述、问题特征或表现(用于沟通)、开始时间、责任人、目前状态、预计结束时间。

处理待解决问题的流程很简单,包括列出新问题的流程、定期复查待解决的问题、处理老问题的方法。对于没有太多组织管理权的项目领导而言,问题跟踪流程的力量在于让其把握了问题状态和进度的实时信息。一旦问题责任人承诺了问题解决的时限,就可以任意公布问题解决过程中的变数。问题清单的公开使得掌握该清单的人获得一定的影响力和控制力。

9. 决策

项目管理时时有决策,快速得当的决策对于项目控制至关重要。即使项目领导掌握了控制权,完善的集体决策流程仍然裨益颇多,因为共同决策能获得更多内部支持,效果自然会更好。

项目工作中的决策绝非易事,项目组内纷繁复杂的观点让决策更加困难。项目各方认同的问题解决流程可以简化决策的过程,照顾各方要求。

尽早和项目组一起设立决策流程,或采用现有流程,或对现有流程做适当的修改。好的决策流程能为项目控制提供强有力的支持。该流程应该包括以下步骤:

- 清楚地陈述必须解决的问题。
- 吸纳所有需要参与决策或将会受该决策影响的成员参与决策过程,这样可以争取团队的支持。
- 与项目组一道重审项目陈述,必要时进行修正,让每位成员获得一致认识。
- 针对决策标准(如成本、时间、有效性、完整性、可行性),开展头脑风暴或讨论。选择那些与计划目标关联的、可执行、可供项目各方参考供决策之用的标准。
- 与项目组一道确定各标准的权重(所有标准的权重总和为 100 个百分点)。
- 设定决策的时限,规定用于调查、分析、讨论、最终决策的时间。
- 开展头脑风暴,在规定时间内尽可能多地产生决策想法。多方发展整个项目组都能接受的想法。
- 通过集体投票的方法进行筛选,至多确定六个考虑项进行具体分析,分析其与决策标准的契合度。
- 理性对待讨论中出现的异议。如果有必要,可增加决策标准。
- 根据评估和权重标准,将这些选项进行排序。
- 考虑采用首位选项的结果。如果没有异议,则结束讨论并开始实施决策。
- 将决策写入文件,并与团队成员及项目相关方面沟通决策结果。

10. 信息管理

项目信息是非常关键的资源,如何管理值得仔细思考。有的项目使用网站和网络服务器或信息管理系统进行项目重要信息的存储。有的项目则使用群件来维护项目文件,并提供电子邮件等服务。

不管用何种方式存储项目数据,要保证所有项目成员能随时获得所需信息。应将最新的项目文件存储在方便查找的位置,并进行清楚地标记,另外应及时删除过时信息。

任务 8.2 软件项目管理

近十年来,随着我国全面启动国民经济和社会信息化建设,信息系统集成行业得到了迅猛发展。但就整体而言,信息系统集成行业缺乏合格的项目管理人才,项目管理水平有待提高。并且由于信息系统工程项目的技术含量高,信息系统集成项目经常会遇到需求多变、技术更新和所处的环境变化快速、人员流动频繁等情况,故信息系统工程建设更加需要科学规范的项目管理。

软件开发的管理需要相应的资源保证,其中软、硬件资源是要配备与所开发的项目必需的软件以及硬件,人力资源是软件开发的一种组织机构保证。由于各企业、事业单位的业务管辖范围及计算机系统的规模不同,难以制定一种统一的人员配备组织机构模型。但是,一般对所承担的项目处理过程大同小异。所以,通常可以从组织体制和人员配备两方面来考虑。

8.2.1 软件项目管理概述

软件项目管理是为了使软件项目能够按照预定的成本、进度、质量顺利完成,而对人员、产品、过程和项目进行分析和管理的活动。

软件项目管理的提出是在 20 世纪 70 年代中期的美国,当时美国国防部专门研究了软件开发不能按时提交,预算超支和质量达不到用户要求的原因,结果发现 70% 的项目是因为管理不善引起的,而非技术原因。于是软件开发者开始逐渐重视起软件开发中的各项管理。到了 20 世纪 90 年代中期,软件研发项目管理不善的问题仍然存在。据美国软件工程实施现状的调查,软件研发的情况仍然很难预测,大约只有 10% 的项目能够在预定的费用和进度下交付。1995 年,据统计,美国共取消了 810 亿美元的商业软件项目,其中 31% 的项目未做完就被取消,53% 的软件项目进度通常要延长 50% 的时间,只有 9% 的软件项目能够及时交付并且费用也控制在预算之内。

软件项目管理的根本目的是为了让软件项目尤其是大型项目的整个软件生命周期(从分析、设计、编码到测试、维护全过程)都能在管理者的控制之下,以预定成本按期、按质地完成软件并交付用户使用。而研究软件项目管理为了从已有的成功或失败的案例中总结出能够指导今后开发的通用原则和方法,同时避免前人的失误。

软件项目管理的对象是软件工程项目,它所涉及的范围覆盖了整个软件工程过程。为使软件项目开发获得成功,关键问题是必须对软件项目的工作范围、可能风险、需要资源(人、硬件/软件)、要实现的任务、经历的里程碑、花费工作量(成本)、进度安排等做到心中有数。这种管理在技术工作开始之前就应开始,在软件从概念到实现的过程中继续进行,当软件工程过程最后结束时才终止。

软件项目管理与其他的项目管理相比有相当的特殊性。首先,软件是纯知识产品,其开发进度和质量很难估计和度量,生产效率也难以预测和保证。其次,软件系统的复杂性也导致了开发过程中各种风险的难以预见和控制。Windows 这样的操作系统有 1500 万行以上的代码,同时有数千个程序员在进行开发,项目经理都有上百个。这样庞大的系统如果没有很好的管理,其软件质量是难以想象的。

软件项目管理的内容主要包括如下几个方面:人员的组织与管理、软件度量、软件项目计划、风险管理、软件质量保证、软件过程能力评估、软件配置管理等。

这几个方面都是贯穿、交织于整个软件开发过程中的,其中人员的组织与管理把注意力集中在项目组人员的构成、优化上;软件度量是指用量化的方法评测软件开发中的费用、生产率、进度和产品质量等要素是否符合期望值,包括过程度量和产品度量两个方面;软件项目计划主要包括工作量、成本、开发时间的估计,并根据估计值制定和调整项目组的工作;风险管理预测未来可能出现的各种危害到软件产品质量的潜在因素,并由此采取措施进行预防;质量保证是保证产品和服务充分满足消费者要求的质量而进行的有计划、有组织的活动;软件过程能力评估是对软件开发能力的高低进行衡量;软件配置管理针对开发过程中人员、工具的配置、使用提出管理策略。

8.2.2　软件项目管理的人员配备

在软件开发的组织结构中,作为系统的开发队伍,下述人员是必不可少的。

1. 项目负责人

项目负责人的责任是制订软件开发工程的计划,监督和检查工程的进展情况,保证工程按照要求的标准准时在预算成本内完成。虽然目前好的管理还不一定能保证工程成功,但是坏的管理或不适当的管理技术一定会导致工程失败,软件交付使用的日期将大大拖后,成本可能比预计成本高几倍,而且最终的软件产品很难维护。

项目负责人在整个软件开发过程中起组织协调作用,一般应由本单位负责人担任。如果项目主要依靠外单位来进行,那么还要外单位一位项目负责人参加。在这种情况下要十分注意他们之间的关系,首先在思想上应非常明确,这是一个领导者所组成的整体。相互间应该是亲密无间的伙伴,对工作中可能出现的困难和问题要体谅,要抱积极的态度,只有在开发过程中配合默契,系统才有成功的希望。

2. 总体设计师

总体设计师要在技术上全面负责。其职责范围是:

(1) 主持软件的需求分析工作;

(2) 实施并管理软件的开发工作;

(3) 主持软件开发各阶段的评审工作;

(4) 建立软件配置的标准;

(5) 协调软件开发的所有技术问题;

(6) 同项目负责人和需求方联系人接触。

一般情况下总体设计师应在需求分析组、总体设计组中工作,同时要具有独立完成较大型系统开发的经验。

软件开发的队伍要讲究质量,一方面要有一定数量的开发人员;另一方面也不是说人员越多越好,人员的多少和开发速度并不是成正比的关系。一般情况下,总体设计人员、结构设计人员及编程人员的人数比例大致是 1 : 4 : 8。而分析人员及文档人员要看具体情况而定,一般单位没有专职测试人员,则采取同级人员中互相进行测试。

8.2.3　软件项目管理的组织模式

软件开发的组织结构与传统的组织结构类似,可采用层次结构的形式。在这种层次结构中,每一级人员应向更高一级报告,并且管理下一级的人员。软件项目可以是一个单独的开发项目,也可以与产品项目组成一个完整的软件产品项目。如果是订单开发,则成立软件项目组即可;如果是产品开发,需成立软件项目组和产品项目(负责市场调研和销售),组成软件产品项目组。实行项目管理时,首先要成立项目管理委员会,项目管理委员会下设项目管理小组、项目评审小组和软件产品项目组。

1. 项目管理委员会

项目管理委员会是公司项目管理的最高决策机构,一般由公司总经理、副总经理组成。主要职责如下:

(1) 依照项目管理相关制度来管理项目;

(2) 监督项目管理相关制度的执行;

(3) 对项目立项、项目撤销进行决策;

(4) 任命项目管理小组组长、项目评审委员会主任、项目组组长。

2. 项目管理小组

项目管理小组对项目管理委员会负责,一般由公司管理人员组成。主要职责如下:

(1) 草拟项目管理的各项制度;

(2) 组织项目阶段的评审;

(3) 保存项目过程中的相关文件和数据;

(4) 为优化项目管理提出建议。

3. 项目评审小组

项目评审小组对项目管理委员会负责,可下设开发评审小组和产品评审小组,一般由公司技术专家和市场专家组成。主要职责如下:

(1) 对项目可行性报告进行评审;

(2) 对市场计划和阶段报告进行评审;

(3) 对开发计划和阶段报告进行评审;

(4) 项目结束时,对项目总结报告进行评审。

4. 软件产品项目组

软件产品项目组对项目管理委员会负责,可下设软件项目组和产品项目组。软件项目组和产品项目组分别设开发经理和产品经理。成员一般由公司技术人员和市场人员构成。主要职责是:根据项目管理委员会的安排具体负责项目的软件开发和市场调研及销售工作。

在软件开发的组织结构中,按照参加人员在项目中起到的作用,以及根据软件生存周期再设立若干工作小组,比如可设立需求分析、总体设计、结构设计、编码调试、系统维护和文档管理员(或称文档员)等。

(1) 需求分析组

需求分析组一般是由系统分析员组成,该组的负责人最好同时也是总体设计组的负责人,这样有利于系统开发过程的继承性。

需求分析组的任务是对实际系统进行调查,并确定要实现的目标系统,以需求分析报告的形式(即软件需求规格说明书)介绍给总体设计组。因此,需求分析组应有企业中有经验的管理人员和计算机工作者参加。最好是总体设计组的成员都能参加需求分析组工作,这对总体设计组正确理解软件需求是十分有益的。

(2) 总体设计组

总体设计组中的成员应通晓软件工程的开发方法和计算机系统技术,以及熟悉企业的管理理论、经济数学方法,同时具有归结模型的能力。总体设计组的人员不宜太多,一般中、小系统以 1～3 人为宜。

（3）结构设计组

结构设计组的任务是把总体设计组交下来的软件模块进行过程设计,例如,对各模块绘制程序框图或绘制 IPO 图或用伪码表示等。这其中包括把各种经济模型转换成程序可实现的算法。因此,结构设计人员应有较扎实的算法设计能力和精通结构化程序设计的方法论。

（4）编码调试组

编码调试组一般由程序员组成,其任务是将程序框图或是 IPO 图、伪码等通过指定的程序语言转换成源程序代码。因此,程序员应掌握数据结构和结构化程序设计的知识,熟练地掌握两门以上的程序设计语言,以及程序开发工具的使用,同时能进行模块测试等。

（5）文档管理员

在整个软件开发过程中,文档资料的管理工作是十分重要的。在我国有很多软件公司在软件开发过程不重视文档资料的管理工作,造成成果鉴定和软件商品化工作中的许多困难。因此,在软件开发的全过程中,要重视文档资料的收集分类和编目工作,在某种意义上,文档管理员起到总体设计师秘书的作用。

任务 8.3　风 险 管 理

风险管理从 20 世纪 30 年代开始萌芽。风险管理最早起源于美国,在 20 世纪 30 年代,由于受到 1929—1933 年的世界性经济危机的影响,美国约有 40% 的银行和企业破产,经济倒退了约 20 年。美国企业为应对经营上的危机,许多大中型企业都在内部设立了保险管理部门,负责安排企业的各种保险项目。可见,当时的风险管理主要依赖保险手段。

1938 年以后,美国企业对风险管理开始采用科学的方法,并逐步积累了丰富的经验。20 世纪 50 年代风险管理发展成为一门学科,风险管理一词才形成。

20 世纪 70 年代以后逐渐掀起了全球性的风险管理运动。随着企业面临的风险复杂多样和风险费用的增加,法国从美国引进了风险管理并在法国国内传播开来。与此同时,日本也开始了风险管理研究。

近 20 年来,美国、英国、法国、德国、日本等国家先后建立起全国性和地区性的风险管理协会。1983 年在美国召开的风险和保险管理协会年会上,世界各国专家学者云集纽约,共同讨论并通过了"101 条风险管理准则",它标志着风险管理的发展已进入了一个新的发展阶段。

1986 年,由欧洲 11 个国家共同成立的"欧洲风险研究会"将风险研究扩大到国际交流范围。1986 年 10 月,风险管理国际学术讨论会在新加坡召开,风险管理已经由环大西洋地区向亚洲太平洋地区发展。

中国对于风险管理的研究开始于 20 世纪 80 年代。一些学者将风险管理和安全系统工程理论引入中国,在少数企业试用中感觉比较满意。中国大部分企业缺乏对风险管理的认识,也没有建立专门的风险管理机构。作为一门学科,风险管理学在中国仍旧处于起步阶段。

从概念上讲,软件项目管理是为了使软件项目能够按照预定的成本、进度、质量顺利完成,而对成本、人员、进度、质量、风险等进行分析和管理的活动。实际上,软件项目管理的意义不仅仅如此,进行软件项目管理有利于将开发人员的个人开发能力转化成企业的开发能力,企业的软件开发能力越高,表明这个企业的软件生产越趋向于成熟,企业越能够稳定发展(即减小开发风险)。

风险管理实际上涉及4种不同的活动:风险识别、风险估计、风险评价和风险控制。

8.3.1 风险识别

风险识别是用感知、判断或归类的方式对现实的和潜在的风险性质进行鉴别的过程。风险识别是风险管理的第一步,也是风险管理的基础。只有在正确识别出自身所面临的风险的基础上,人们才能够主动选择适当有效的方法进行处理。风险的识别是风险管理的首要环节。只有在全面了解各种风险的基础上,才能够预测危险可能造成的危害,从而选择处理风险的有效手段。

存在于人们周围的风险是多种多样的,既有当前的也有潜在于未来的,既有内部的也有外部的,既有静态的也有动态的,等等。风险识别的任务就是要从错综复杂环境中找出主要风险。

风险识别一方面可以通过感性认识和历史经验来判断,另一方面也可通过对各种客观的资料和风险事故的记录来分析、归纳和整理以及必要的专家访问,从而找出各种明显和潜在的风险及其损失规律。因为风险具有可变性,因而风险识别是一项持续性和系统性的工作,要求风险管理者密切注意原有风险的变化,并随时发现新的风险。

风险识别的方法有多种,有风险清单法、流程图分析法、财务报表分析法、实地调查法等。并且可以将风险分为项目风险、技术风险和商业风险。项目风险识别存在潜在的预算、进度、个人、资源和需求方面的问题,以及它们对软件项目的影响;技术风险识别存在潜在的设计、实现、接口、检验与维护方面的问题。

8.3.2 风险估计

可以使用两种方法来估计每一种风险,一种方法是估计一个风险发生的可能性;另一种方法是估计那些与风险有关问题可能产生的结果。一般由项目计划人员与管理人员、技术人员一起来进行风险估计活动。

(1) 建立一个标准(可以是定性的、定量的、绝对的或相对的标准)来表示一个风险可能性的定量的绝对或相对的标准。

(2) 描述风险的结果。

(3) 估计风险对项目与产品的结果。

(4) 确定风险估计的正确性。

(5) 根据已掌握的风险对项目的影响,可以给风险分配权值,然后再对各种风险排队。

8.3.3 风险评价

在进行风险评价时,应当先建立一个三元组$[r_i, l_i, x_i]$,其中,r_i代表风险,l_i代表风险出现概率,x_i代表风险的影响。然后再定义一个风险参照水准,如成本、进度与性能就是3种典型的风险参照水准,即对成本超支、进度延期、性能降低(或它们的组合)有一个表明导致项目终止的水准。在做软件风险分析的环境中,一个风险参照水准具有一个单独的点,叫作参照点或崩溃点。在这个点上,要公正地给出可接受的判断,即是否继续项目。因此,可能要利用性能分析、成本模型、任务网络分析和质量因素分析等做出判断。

此外,规格说明的多义性、技术的不确定性、技术陈旧与不成熟的新技术也是风险因素。商业风险主要有以下 5 种:软件不符合市场要求;软件不符合整个软件产品战略;销售部门不清楚如何推销该软件;因课题改变或人员改变而失去上级管理部门的支持和预算风险。对于以上的各种风险因素,可以通过一个风险项目检查表列出所有可能的与每一个风险因素有关的提问,通过分析给出确定的回答,就可以帮助管理人员或计划人员估算风险的影响。

8.3.4　风险控制

风险控制是指风险管理者采取各种措施和方法,消灭或减少风险事件发生的各种可能性,或者减少风险事件发生时造成的损失。利用某些技术,如原型化、软件自动化、软件心理学、可靠性工程学和项目管理方法来回避与转移风险。

风险控制的四种基本方法是:风险回避、损失控制、风险转移和风险保留。

1. 风险回避

风险回避是投资主体有意识地放弃风险行为,完全避免特定的损失风险。简单的风险回避是一种最消极的风险处理办法,因为投资者在放弃风险行为的同时,往往也放弃了潜在的目标收益。所以一般只有在以下情况下才会采用这种方法:

(1)项目主体对风险极端厌恶。

(2)存在可实现同样目标的其他方案,其风险更低。

(3)项目主体无能力消除或转移风险。

(4)项目主体无能力承担该风险,或承担风险得不到足够的补偿。

2. 损失控制

损失控制不是放弃风险,而是制订计划和采取措施来降低损失的可能性或者是减少实际损失。控制包括事前、事中和事后三个阶段。事前控制的目的主要是为了降低损失的概率,事中和事后的控制主要是为了减少实际发生的损失。

3. 风险转移

风险转移是指通过契约,将让渡人的风险转移给受让人承担的行为。通过风险转移有时可大大降低项目主体的风险程度。风险转移的主要形式是合同和保险。

(1)合同转移。通过签订合同,可以将部分或全部风险转移给一个或多个其他参与者。

(2)保险转移。保险是使用最为广泛的风险转移方式。

4. 风险保留

风险保留即风险承担。也就是说,如果损失发生,经济主体将以当时可利用的任何资金进行支付。风险保留包括无计划自留、有计划自我保险。

(1)无计划自留。指风险损失发生后从收入中支付,即不是在损失前做出资金安排。当经济主体没有意识到风险并认为损失不会发生时,或将意识到的与风险有关的最大可能损失显著低估时,就会采用无计划保留方式承担风险。一般来说,无资金保留应当谨慎使用,因为如果实际总损失远远大于预计损失,将引起资金周转困难。

(2)有计划自我保险。指可能的损失发生前,通过做出各种资金安排以确保损失出现后能及时获得资金以补偿损失。有计划自我保险主要通过建立风险预留基金的方式来实现。

在软件项目管理中,风险控制可以参考的控制步骤如下:

(1)确定人员流动的原因;

(2)在项目开始之前,把回避风险的工作列入控制计划中;

(3)当项目启动时,做好人员流动的准备;

(4)建立项目组,使大家都了解有关开发活动的信息;

(5)制定文档标准,并建立一种及时产生文档的机制;

(6)对所有工作组织细致地评审;

(7)对关键性的技术岗位,都要培养技术后备人员。

8.3.5　风险管理措施

由于项目管理的特性之一是渐进明细性,所以项目风险也具有渐进性,使我们有可能为它的发展进程设置里程碑。风险的历程可以分为三个阶段,在不同阶段,风险管理各有不同的内容和重点。

第一阶段:在风险的潜伏阶段,风险尚未显现,但其可能存在于各种征兆之中。这个阶段的风险管理重在预防。

(1)识别潜在的风险。这是预防风险的第一要务,不能识别就无法预防。识别风险的一个重要手段是量化,量化的好处是可以通过对比来鉴别风险征兆,可以设置临界点作为预警指标。例如,我们识别出高血压是引发心脏病的重大风险,为此我们设置出一套检测血压的量化指标,把预警临界值设置在 90/140。这样,我们就可以通过与正常指标的对比来监测高血压的风险了。

(2)规避和转移风险。这是预防潜在风险的另一个有效办法。当识别出某件事情可能会有风险时,只要放弃做这件事,或者换一种较稳妥的方式去做它,就可以避免风险的发生。如果知道喝白酒有可能导致高血压或心脏病,只要避免喝白酒或者改喝红酒或啤酒,就可以规避风险。转移风险最常用的办法之一是买保险。即使不幸患了心脏病,医疗费有保险公司买单,可以大大减少生命危险和经济损失。

(3)准备风险应对方案和危机处理预案。是预防风险的核心内容。一旦风险和危机来临,有应对预案就可以有效地降低风险的损失和危机的灾难。可以把常用的药物分放在家里和办公室容易拿到的地方,把医院的电话输入电话机,预先嘱咐身边的人如何处理,这就是风险预案。一旦心脏病突发,这些事先准备好的预案就足以挽救生命。很多人就是因为没有这些预案而猝死非命。也许有些风险预案永远也用不上,但是这并不说明它们是多余的。只有风险降临的危急关头,人们才会感觉到它们性命攸关的价值。

第二阶段:在风险的发生阶段,风险已经来临,风险将带来的损失已经不难预料,这个阶段的风险管理重在应对:

(1)选择和实施风险应对预案。事先准备的预案可以大大提高风险应对的决策效率,把决策简化到抉择。例如,当飞行故障发生时,油料往往只够飞半个小时,没有时间决策,只能在预先准备的预案中选择实施。当计算机系统被病毒侵袭的时候,当项目技术关键人突然辞职的时候,当主要客户因故拖延付款的时候,当主要供应商突然宣布提高价格的时候,如果能够事先准备好应付的预案,就会有更多的选择余地。有充分的应对时间,就不会在突然降临的风险打击下束手无策。

(2) 采取权宜措施缓解风险。有些时候实施风险预案需要时间和条件,权宜措施就是为了争取时间和创造条件。面对绑匪,首先应该派遣的不是军队而是谈判代表,后者将为前者的部署争取时间;面对航班拖期后愤怒的旅客,首先需要调动的不是飞机而是饮料和食品,以抚慰旅客激动的情绪;当计算机被病毒袭击而瘫痪的时候,首先要做的也许不是修复系统而是抢救文件;当客户拖延付款的时候,当务之急也许不是催讨债款而是拆借周转资金。在很多情况下,权宜措施也是构成风险预案的组成部分,但是当风险预案没有料到的情况发生时,应急的权宜措施最能考验一个管理者的应变能力。

(3) 采取补救措施抵消损失。当风险造成的损失不可避免的时候,可以堤外损失堤内补救。例如,出口产品如果在进口国因质量问题退货,则"出口转内销",挽回部分损失;如果客户无力偿还债务,可以用汽车及计算机之类的资产抵扣部分损失;如果因下雨不能户外施工,就安排培训,以免浪费时间。

第三阶段:在风险的后果阶段,风险造成的损失已经成为事实,形势危急,这个阶段的风险管理重在应急和善后。

(1) 选择和实施危机处理预案。如果洪水冲破了大堤,如果飞机掉进了海里,如果计算机文件全军覆没,如果欠债客户卷款逃逸,这时风险就变成了危机,应对就变成了应急。应急实际上和风险应对没什么区别,不过预案的作用会更突出,因为危机时刻没有时间容我们深思熟虑,只能选择过去准备好的主意。

(2) 实施灾难救助措施。危机往往伴随着灾难性的后果,损失已经铸成事实,形势无法逆转,因此需要考虑善后措施,如抢救生命、挽回信誉、收拾残局、另寻替代方案等。

(3) 资料存档总结教训。这是善后要做的最后一件事情,但是它常常被忽略忘记。所有的风险和灾难留下的记录都是人类的遗产,它将为后人识别风险提供宝贵的线索。今天的人是站在前人肩膀上进步的,如果没有前人留下的资料,我们至今还在黑暗中摸索,还会在同一块石头上绊倒无数次。文档化管理,是我们迈向学习型组织必须跨过的门槛。

任务 8.4 人力资源管理

人力资源管理能够创造灵活的组织体系,为员工充分发挥潜力提供必要的支持,让员工各尽其能,共同为企业服务,从而确保企业反应的灵敏性和强有力的适应性,协助企业实现竞争环境下的具体目标。

8.4.1 项目人员的管理

1. 对项目经理的要求

- 能够使小组每个成员都能发挥能力;
- 有一定的组织能力;

- 能够使小组每位成员有成就感;
- 有提出解决问题方案的能力;
- 对问题的理解有一定的深度;
- 要能让成员知道软件质量的重要性。

2. 开发人员管理

软件开发中的开发人员是最大的资源。对人员的配置、调度安排贯穿整个软件过程,人员的组织管理是否得当,是影响对软件项目质量的决定性因素。

首先在软件开发的一开始,要合理地配置人员,根据项目的工作量、所需要的专业技能,再参考各个人员的能力、性格、经验,组织一个高效、和谐的开发小组。一般来说,一个开发小组人数在5~10人最为合适,如果项目规模很大,可以采取层级式结构,配置若干个这样的开发小组。

在选择人员的问题上,要结合实际情况来决定是否选入一个开发组员。并不是一群高水平的程序员在一起就一定可以组成一个成功的小组。作为考察标准,技术水平、与本项目相关的技能和开发经验、团队工作能力都是很重要的因素。一个一天能写一万行代码但却不能与同事沟通融洽的程序员,未必适合一个对组员之间通信要求很高的项目。还应该考虑分工的需要,合理配置各个专项的人员比例。例如,学生信息管理系统项目,小组中有页面美工、后台服务程序、数据库几个部分,应该合理地组织各项工作的人员配比,此项目中对数据采集量要求较高,一个人员配比方案可以是1个美工、2个后台服务程序编写、3个数据采集整理人员。

可以用如下公式来对候选人员能力进行评分,达到一定分数的则可以考虑进入开发组,但这个公式不包含对人员数量配比的考虑。

$$\text{Score} = \sum W_i C_i (i = 1 \sim 8)$$

C_i 是对项目组人员各项能力的评估,其值的含义如表8-1所示。

表8-1　C_i 取值的含义

值	0	1	2	3
含义	该人此项能力很差,完全没有相关经验或 C_i 不适合描述此人	有一定此项能力或曾从事过少量相关工作	此项能力较好或有较多相关项目经验	能力优秀,有丰富的同类项目开发经验

W_i 是权重值,对应描述的能力在本项目中的重要性,其值的含义如表8-2所示。

表8-2　W_i 取值的含义

值	0	1	2	3
含义	本项目中不要求此项能力或此项能力对目前的候选人来说都是认定满足的	本项目对此项能力有一定要求,但不作为普遍要求	此项能力在本项目中比较重要,要求所有人员都要达到一定的水准	此项能力在本项目中非常重要,所有人员都必须达到比较高的水准

对人员的各项能力 C_i 要求如表8-3所示。

表 8-3 各项能力 C_i

C_1	代码编写能力,可以用单位时间内无错代码行数量按比例映射到 C_i 的取值范围进行衡量
C_2	对新技术的适应及学习能力,即当项目需要开发人员学习新技术时,是否可以很快地进入应用阶段
C_3	开发经验,特指从事开发的项目数量
C_4	相关开发经验,特指参加过的相关项目的数量
C_5	承受压力的能力,即是否能在强大压力下完成工作
C_6	独立工作的能力,即在缺乏同事合作、需要独立工作的情况下完成工作的能力
C_7	合作能力,即与同伴沟通、协同完成工作的能力
C_8	对薪水的要求

在决定一个开发组的开发人员数量时,除了考虑候选人素质以外,还要综合考虑项目规模、工期、预算、开发环境等因素的影响。下面是一个基于规模、工期和开发环境的人员数量计算公式:

$$L = Ck \times K1/3 \times Td4/3$$

式中,L 是开发规模,以代码行 LOC 为度量;Td 是开发时间;K 是人员数;Ck 是技术常数表示开发环境的优劣。

Ck 取值 2000 表示开发环境差,没有系统的开发方法,缺乏文档规范化设计;Ck 取值 8000 表示开发环境较好;Ck 取值 11000 表示开发环境优。

3. 人员的通信方式

- 正式非个人方式,如正式会议等。
- 正式个人之间的交流,如成员之间的正式讨论等(一般不形成决议)。
- 非正式个人之间的交流,如个人之间的自由交流等。
- 电子通信,如 E-mail(电子邮件)、BBS(电子公告板系统)等。
- 成员网络,如成员与小组之外或公司之外有经验的相关人员之间进行交流。

在实践中发现,电子通信的通信效率最高,其次是正式非个人方式。

8.4.2 人力资源的风险管理

风险管理是指通过风险识别、风险估计、风险驾驭、风险监控等一系列活动来防范风险的管理工作。人力资源管理中的风险管理是指在招聘、工作分析、职业计划、绩效考评、工作评估、薪金管理、福利/激励、员工培训、员工管理等各个环节中进行风险管理,防范人力资源管理中的风险发生。

在组建开发组时,往往重视招聘、培训、考评、薪资等各个具体内容的操作,而忽视了其中的风险管理问题。由于工作环境、待遇、工作强度、公司的整体工作安排和其他无法预知的因素,一个项目尤其是开发周期较长的项目几乎无可避免地要面临人员的流入流出,也就是说在人事管理中都可能遇到风险,如招聘失败、新政策引起员工不满、技术骨干突然离职等。如果不在项目初期对可能出现的人员风险进行充分的估计,做必要的准备,一旦风险转化为现实,会影响整个项目的正常运转,将有可能给整个项目的开发造成巨大的损失。所以在注重人才的同时,还应充分估计到开发过程中的人员风险,以较低的代价进行及早地预防是降低这种人员风险的基本策略。特别是高新技术企业,由于对人的依赖更大,所以更需要重视人力资源管理中的风险管理。具体来说,可以从以下几个方面对人员风险进行控制。

(1) 保证开发组中全职人员的比例,且项目核心部分的工作应该尽量由全职人员来担任,以减少兼职人员对项目组人员不稳定性的影响。

(2) 建立良好的文档管理机制,包括项目组进度文档、个人进度文档、版本控制文档、整体技术文档、个人技术文档、源代码管理等。一旦出现人员的变动,比如某个组员因病退出,替补的组员能够根据完整的文档尽早接手工作。

(3) 加强项目组内技术交流,比如定期开技术交流会,或根据组内分工建立项目组内部的开发小组,使开发小组内的成员能够相互熟悉对方的工作和进度,能够在必要的时候替对方工作。

(4) 对于项目经理,可以从一开始就指派一个副经理在项目中协同项目经理管理项目开发工作,如果项目经理退出开发组,副经理可以很快接手。但是只建议在项目经理这样的高度重要的岗位采用这种冗余复制的策略来预防人员风险,否则将大大增加项目成本。

(5) 为项目开发提供尽可能好的开发环境,包括工作环境、待遇、工作进度安排等,同时一个优秀的项目经理应该能够在项目组内营造一种良好的人际关系和工作氛围。良好的开发环境对于稳定项目组人员以及提高生产效率都有不可忽视的作用。

任务 8.5　进度计划管理

所谓项目进度计划,其基本思想是把要组织的软件项目分解成许多逻辑步骤或称为作业,然后将这些作业整理出一个顺序,也就是执行作业的顺序,并确定各个作业的开始和终止时间。这样便于对整个项目进度进行控制。

8.5.1　软件项目计划书

项目组成立的第一件事是编写《软件项目计划书》,在计划书中描述开发日程安排、资源需求、项目管理等各项情况的大体内容。计划书主要向项目各相关人员发放,使他们大体了解该软件项目的情况。对于计划书的每个内容,都应有相应具体实施手册,这些手册是供项目组相关成员使用的。

编制一个项目进度计划,一般需要经过以下过程:

(1) 确定项目的目的、需要和范围。其结果要素具体说明了项目成品、期望的时间、成本和质量目标(回答是什么、做多少和什么时候)。要素范围包括用户决定的成果以及产品可以接受的程度,包括指定的一些可以接受的条件。

(2) 指定的工作活动、任务或达到目标的工作被分解、下定义并列出清单。(回答有哪些工作)

(3) 创建一个项目组织以指定部门、分包商和经理对工作活动负责。(回答由谁做)

(4) 准备进度计划以表明工作活动的时间安排、截止日期和里程碑。(回答何时,按照

什么顺序)

（5）准备预算和资源计划。表明资源的消耗量和使用时间，以及工作活动和相关事宜的开支。（回答做多少，何时做）

（6）准备各种预测，关于完成项目的工期、成本和质量预测。（回答需要多长时间，将会花费多少，何时项目将会结束）

《软件项目计划书》一般应该包括下述内容：

1. 引言
　1.1　计划的目的
　1.2　项目的范围和目标
　　1.2.1　范围描述
　　1.2.2　主要功能
　　1.2.3　性能
　　1.2.4　管理和技术约束
2. 项目估算
　2.1　使用的历史数据
　2.2　使用的评估技术
　2.3　工作量、成本、时间估算
3. 风险管理战略
　3.1　风险识别
　3.2　有关风险的讨论
　3.3　风险管理计划
　　3.3.1　风险计划
　　3.3.2　风险监视
　　3.3.3　风险管理
4. 日程
　4.1　项目工作分解结构
　4.2　时限图（甘特图）
　4.3　资源表
5. 项目资源
　5.1　人员
　5.2　硬件和软件
　5.3　特别资源
6. 人员组织
　6.1　组织结构
　6.2　管理报告
7. 跟踪和控制机制
　7.1　质量保证和控制
　7.2　变化管理和控制
8. 附录

8.5.2　软件项目时间管理

“按时、保质地完成项目”大概是每一位项目经理最希望做到的。但工期拖延的情况时常发生。因而合理地安排项目时间是项目管理中的一项关键内容，它的目的是保证按时完成项目、合理分配资源、发挥最佳工作效率。它的主要工作包括定义项目活动、任务、活动排序、每项活动的合理工期估算、制定项目完整的进度计划、资源共享分配、监控项目进度等内容。

项目时间管理主要包含六个阶段。

1. 项目活动的定义

将项目工作分解为更小、更易管理的工作包，也叫活动或任务，这些小的活动是保障完成交付产品的可实施的详细任务。在项目实施中，要将所有活动列成一个明确的活动清单，并且让项目团队的每一个成员能够清楚有多少工作需要处理。活动清单应该采取文档形式，以便于项目其他过程的使用和管理。当然，随着项目活动分解的深入和细化，工作分解结构（WBS）可能会需要修改，这也会影响项目的其他部分。例如，成本估算，在更详尽地考虑了活动后，成本可能会有所增加，因此完成活动定义后，要更新项目工作分解结构上的内容。

2. 活动排序

在产品描述、活动清单的基础上，要找出项目活动之间的依赖关系和特殊领域的依赖关系、工作顺序。在这里，既要考虑团队内部希望的特殊顺序和优先逻辑关系，也要考虑内部与外部、外部与外部的各种依赖关系以及为完成项目所要做的一些相关工作，例如在最终的硬件环境中进行软件测试等工作。

设立项目里程碑是排序工作中很重要的一部分。里程碑是项目中关键的事件及关键的目标时间，是项目成功的重要因素。里程碑事件是确保完成项目需求的活动序列中不可缺少的一部分。比如在开发项目中可以将需求的最终确认、产品移交等关键任务作为项目的里程碑。

在进行项目活动关系的定义时一般采用优先图示法、箭线图示法、条件图示法、网络模板这4种方法，最终形成一套项目网络图。其中比较常用的方法是优先图示法，也称为单代号网络图法。

3. 活动资源估算

主要是决定需要用什么资源，用多少资源。结合本组织内部各资源情况以及各种临界资源的需求情况来合理地调配各种资源。

4. 活动工期估算

项目工期估算是根据项目范围、资源状况计划列出项目活动所需要的工期。估算的工期应该现实、有效并能保证质量。所以在估算工期时要充分考虑活动清单、合理的资源需求、人员的能力因素以及环境因素对项目工期的影响。在对每项活动的工期估算中应充分考虑风险因素对工期的影响。项目工期估算完成后，可以得到量化的工期估算数据，将其文档化，同时完善并更新活动清单。

一般说来，工期估算可采取以下几种方式：

（1）专家评审形式。由有经验、有能力的人员进行分析和评估。

（2）模拟估算。使用以前类似的活动作为未来活动工期的估算基础，计算评估工期。

（3）定量型的基础工期。当产品可以用定量标准计算工期时，则采用计量单位作为基础数据来进行整体估算。

（4）保留时间。工期估算中预留一定比例作为冗余时间以应付项目风险。随着项目的不断进展，冗余时间可以逐步减少。

5. 制订进度计划

项目的进度计划意味着明确定义项目活动的开始和结束日期，这是一个反复确认的过程。进度表的确定应根据项目网络图、估算的活动工期、资源需求、资源共享情况、项目执行的工作日历、进度限制、最早和最晚时间、风险管理计划、活动特征等统一考虑。

进度限制即根据活动排序考虑如何定义活动之间的进度关系。一般有两种形式：一种是加强日期形式，以活动之间前后关系限制活动的进度，如一项活动不早于某活动的开始或不晚于某活动的结束；另一种是关键事件或主要里程碑形式，以定义为里程碑的事件作为要求的时间进度的决定性因素，并制订相应的进度计划。

在制定项目进度表时，先以数学分析的方法计算每个活动最早开始和结束时间与最迟开始和结束日期，从而得出时间进度网络图，再通过资源因素、活动时间和可冗余因素调整活动时间,最终形成最佳活动进度表。

关键路径法(CPM)是时间管理中很实用的一种方法,其工作原理是:为每个最小任务单位计算工期,定义最早开始和结束日期,最迟开始和结束日期、按照活动的关系形成顺序的网络逻辑图,找出必需的最长路径,即为关键路径。

时间压缩是指针对关键路径进行优化,结合成本因素、资源因素、工作时间因素、活动的可行进度因素对整个计划进行调整,直到关键路径所用的时间不能再压缩为止,直至得到最佳时间进度计划。

6. 进度控制

进度控制主要是监督进度的执行状况,及时发现和纠正偏差、错误。在控制中要考虑影响项目进度变化的因素、项目进度变更对其他部分的影响因素、进度表变更时应采取的实际措施。

目前项目管理软件正被广泛地应用于项目管理工作中,尤其是它的清晰的表达方式,在项目时间管理上显得更加方便、灵活、高效。在管理软件中输入活动列表、估算的活动工期、活动之间的逻辑关系、参与活动的人力资源及成本,项目管理软件可以自动进行数学计算、平衡资源分配、成本计算,并可迅速地解决进度交叉问题,也可以打印显示出进度表。项目管理软件除了具备项目进度制定功能外,还具有较强的项目执行记录、跟踪项目计划、实际完成情况记录的能力,并能及时给出实际和潜在的影响分析。

8.5.3 项目进度计划工具

软件开发的组织工作是复杂的,工作的进度计划及工作的实际进展情况,对于较大的项目来说,难以用语言叙述清楚。如果没有工具的帮助,可能会使人无从下手。一个好的办法是设法把项目分解成一系列比较容易控制、管理的子任务。但是,分解后也容易让人把注意力放到各个子任务的管理上,以致忽略了对整个项目的了解和管理。因此,需要有一种工具,既能协助把项目分解成较少的子任务(或称作业),又能使管理人员对整体项目的情况获得完整概念。制订项目进度计划通常是使用 Gannt 图和工程网络这两种图形工具。

Gannt 图又称为横道图或者条状图,它是以图示的方式通过活动列表和时间刻度形象地表示出任何特定项目的活动顺序与持续时间。它是在第一次世界大战时期发明的,以亨利·劳伦斯·甘特先生的名字命名,他制定了一个完整地用条形图表示进度的标志系统。由于 Gannt 图直观简单,在简易、短期的项目中,Gannt 图都得到了最广泛的运用。

亨利·劳伦斯·甘特是泰勒创立和推广科学管理制度的亲密的合作者,也是科学管理运动的先驱者之一。甘特非常重视工业中人的因素,因此他也是人际关系理论的先驱者之一,其对科学管理理论的重要贡献:一是提出了任务和奖金制度。二是强调对工人进行教育的重要性,重视人的因素在科学管理中的作用。其在科学管理运动先驱中最早注意到人的因素。三是制定了 Gannt 图,即生产计划进度图。

Gannt 图内在思想简单,基本是一个线条图,横轴表示时间,纵轴表示活动(项目),线条表示在整个计划和实际活动的完成情况。它直观地表明任务计划在什么时候进行,以及实际进展与计划要求的对比。按反映的内容不同,Gannt 图可分为计划图表、负荷图表、机器闲置图表、人员闲置图表和进度表等五种形式。个人 Gannt 图和时间表是两种不同的任务表达方式,个人 Gannt 图使用户可以直观地知道有哪些任务在什么时间段要做,而时间表则提供更精确的时间段数据。此外,用户还可以在时间表中直接更新任务进程。管理者由此极为便利地弄清了一项任务(项目)还剩下哪些工作要做,并可评估工作是提前、滞后还是正常进行,是一种理想的控制工具。

1. Gannt 图的优点

图形化的表现形式,采用通用技术,易于理解;中小型项目一般不超过 30 项活动,有专业软件支持,无须担心复杂的计算和分析。

2. Gannt 图的局限和不足

Gannt 图事实上仅仅部分地反映了项目管理的三重约束(时间、成本和范围),因为它主要关注进程管理(时间)。

尽管能够通过项目管理软件描绘出项目活动的内在关系,但是如果关系过多,纷繁芜杂的线图必将增加 Gannt 图的阅读难度。

3. Gannt 图的含义

Gannt 图包含以下三个含义:

• 以图形或表格的形式显示活动。
• 是一种通用的显示进度的方法。
• 构造时应包括实际天数和持续时间,并且不要将周末和节假日算在进度之内。

4. Gannt 图表的表现形式

(1) 普通 Gannt 图表。在 Gannt 图中,横轴方向表示时间,纵轴方向表示机器设备名称、操作人员和编号等。图表内以线条、数字、文字代号等来表示计划(实际)所需时间、计划(实际)产量、计划(实际)开工或完工时间等。

(2) 带有分项目的 Gannt 图。

(3) 带有分项目和分项目网络的 Gannt 图。

5. Gannt 图的变形——负荷图

纵轴不再列出活动,而是列出整个部门或特定的资源。负荷图使管理者对生产能力进行计划和控制。如图 8-1 所示就是一个工程 Gannt 图。

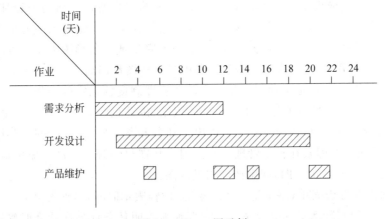

图 8-1 Gannt 图示例

需要注意的问题是:采用自顶向下的方式,把项目分解为若干个阶段,每个阶段再分解成许多更小的任务,每个任务又可以进一步分解成若干个步骤等,这些阶段、任务、步骤之间有复杂的依赖关系。因此可以利用工程网络和 Gannt 图这两个强有力的工具安排进度和管理工程进展情况。

任务 8.6 质 量 管 理

随着软件开发的规模越来越大,软件的质量问题显得越来越突出。软件质量的控制不单单是一个软件测试问题,在软件开发的所有阶段都应该引入质量管理。那么什么是软件产品的质量? 在开发过程中又怎样保证软件产品的质量呢?

8.6.1 软件的质量因素

在软件开发过程中,软件质量是难以用定量方法进行度量的软件属性,但仍然可以提出许多重要的软件质量指标。本节所介绍的影响软件质量的主要因素是从管理角度来对软件质量进行度量。我们可以把这些质量因素分成以下 3 部分,分别反映用户在使用软件产品时的 3 种不同倾向或观点。

1. 产品运行

软件产品在运行过程中,可以从如下软件质量因素来考虑。

(1)正确性。正确性是指系统满足规格说明和用户目标的程度。也就是在预定环境下能正确完成预期功能的程度。

(2)健壮性。所谓健壮性是指在硬件发生故障或输入数据不合理等特定的环境条件下,系统能做出适当响应的程度。

(3)效率。效率是指为了完成预定的功能,系统所需要的计算机资源,如时间和空间等。

(4)安全性。安全性是指对未经授权的人使用软件或数据的企图,系统能够控制(禁止)的程度。

(5)可用性。可用性就是系统在完成预定应该完成的功能时令人满意的程度。

(6)风险。风险是指按预定的成本和进度把系统开发出来,并且为用户所满意的概率,也就是系统能否按预定计划完成。

2. 产品修改

软件产品开发出来以后,对该产品的修改,可以从如下方面考虑:

(1)可理解性。可理解性是指理解和使用系统的容易程度。质量好的系统必须是容易理解的。

(2)可维修性。可维修性是指诊断和改正在运行现场发现的错误所需要的工作量。

(3)灵活性。灵活性就是修改或改进正在运行的系统所需要的工作量。

(4)可测试性。可测试性是指软件系统容易测试的程度。

3. 产品转移

软件产品的转移问题,可从如下方面考虑:

(1)可移植性。所谓可移植性是指把程序从一种硬件配置和软件系统环境转移到另一种配置和环境时所需要的工作量。

149

（2）可再用性。可再用性就是在其他应用中该程序可以被再次使用的程度。

（3）互运行性。所谓互运行性是指把该系统和另一个软件系统结合起来需要的工作量。

8.6.2　软件的质量保证

在软件开发过程中,为了提高整个软件系统的质量,除了在开发的早期阶段(例如需求分析、软件设计)就采用一定的技术加以保证外,在软件管理方面也必须有一些措施来加以保证。

1. 评审

为了确保软件的质量在软件生存周期的每个阶段结束之前都应进行评审。软件评审并不是在软件开发完毕后进行评审,而是在软件开发的各个阶段都要进行评审。因为在软件开发的各个阶段都可能产生错误,如果这些错误不及时发现并纠正,会不断地扩大,最后可能导致开发的失败。软件评审是相当重要的工作,也是目前国内开发最不重视的工作。也就是用每个阶段的结束标准对本阶段的软件配置成分进行严格审查。

通常审查小组是由组长、两名评审员和作者组成。组长负责组织和领导技术审查,两名评审员提出技术评论,作者是开发程序或文档的技术人员。评审员最好是由对评审结果有利害关系的人担任,也就是选承担软件生存周期下一阶段开发任务的小组成员来担任。

（1）评审目标

- 发现任何形式表现的软件功能、逻辑或实现方面的错误。
- 通过评审验证软件的需求。
- 保证软件按预先定义的标准表示。
- 已获得的软件是以统一的方式开发的。
- 使项目更容易管理。

（2）审查过程

- 计划：组织审查组,安排日程,分发材料等。
- 准备：评审员先阅读材料,取得有关项目的知识。
- 概况介绍：对大的复杂项目,可先由作者介绍概况。
- 召开评审会议：主要是发现和记录错误。会议结束后必须做出以下决策之一,接受该产品,不需做修改;由于错误严重,拒绝接受;暂时接受该产品。
- 评审报告与记录：所提出的问题都要进行记录,在评审会结束前产生一个评审问题表,另外必须完成评审简要报告。
- 返工：对已发现的错误进行修改。
- 复查：验证修正后的问题是否真正解决了。

上述审查过程在软件生存周期的每个阶段结束之前至少应该进行一次,有些阶段需要进行多次。

（3）评审准则

- 评审产品,而不是评审设计者(不能使设计者有任何压力)。
- 会场要有良好的气氛。
- 建立议事日程并维持(会议不能脱离主题)。

- 限制争论与反驳(评审会不是为了解决问题,而是为了发现问题)。
- 指明问题的范围,而不是解决提到的问题。
- 展示记录(最好有黑板,将问题随时写在黑板上)。
- 限制会议人数和坚持会前准备工作。
- 对每个被评审的产品要尽力列出评审清单(帮助评审人员思考)。
- 对每个正式技术评审人员分配资源和时间进度表。
- 对全部评审人员进行必要的培训。

2. 复查和管理复查

所谓复查是指检查已有材料,以判断特定阶段的工作能否开始或继续。在新的阶段开始之前的复查,是为了肯定前一个阶段结束时确实进行了认真的审查,且已经具备了开始当前阶段性工作所必需的材料。

管理复查就是为开发组织或使用部门的管理人员提供项目的总体状态、成本和进度等方面的情况,为他们从管理角度对开发工作进行审查提供方便。

3. 测试

测试是指用已知的输入在现有环境中动态地执行软件系统。软件测试是软件开发的一个重要环节,同时也是软件质量保证的一个重要环节。

测试一般包括单元测试、模块测试、集成测试和系统测试。如果测试结果与预期结果不一致,那很可能是软件中有错误。在测试过程中将产生以下文档。

- 测试计划:确定测试范围、使用方法和需要的资源。
- 测试过程:详细描述每个测试方案的测试步骤和数据(含测试数据和预期结果)。
- 测试结果:把每次测试运行的结果归入文档。如果运行出错,就应产生问题报告。同时通过纠错解决所发现的问题。

4. 软件质量保证计划

在进行软件开发前,需要有一个《软件质量保证计划》,主要包括以下内容:

1. 计划目的
2. 参考文献
3. 管理
　3.1　组织
　3.2　任务
　3.3　责任
4. 文档
　4.1　目的
　4.2　要求的软件工程文档
　4.3　其他文档
5. 标准和约定
　5.1　目的
　5.2　约定
6. 评审和审计
　6.1　目的

　6.2　评审要求
　　6.2.1　软件需求的评审
　　6.2.2　设计评审
　　6.2.3　软件验证和确认评审
　　6.2.4　功能评审
　　6.2.5　物理评审
　　6.2.6　内部过程评审
　　6.2.7　管理评审
7. 测试
8. 问题报告和改正活动
9. 工具、技术和方法
10. 媒体控制
11. 供应者控制
12. 记录、收集、维护和保密
13. 培训

任务8.7　实验实训

(1) 在教师管理系统中尝试用本项目中提到的技术来进行项目管理。

(2) 评价教师管理系统的质量应从哪几个方面考虑？如何保证软件的质量？

小　　结

软件工程学包括方法、工具和管理等三个研究领域。只有在科学的管理之下先进的技术方法和优良的软件工具才能真正发挥它们的威力。因此,管理是大型软件工程项目成功的关键。

人们虽然已经开始认识到科学的软件管理的重要性,但是在软件管理科学方面至今尚未取得重大突破。研究适应软件开发和维护特点的行之有效的管理技术,仍然是今后相当长时期内的艰巨任务。

习　　题

1. 请结合风险的特点阐述对软件风险的认识。

2. 请阐述软件评审的意义及其作用。

3. 判断以下活动中哪些是项目,哪些不是项目,并请说明理由。

(1) 升级某政府部门的办公自动化系统;

(2) 打字员打印文件;

(3) 报考软件学院软件工程专业的硕士研究生;

(4) 购买家用轿车;

(5) 每天骑车上班。

项目 9　软件项目的开发总结

【学习目标】
- 了解软件项目的经验和教训，在以后的软件开发中注意和改进。
- 了解软件项目开发过程中存在的问题，并在以后的开发中注意。
- 尝试自己学习，自主研发，努力寻求总结一套适合自己的软件开发经验。

任务 9.1　软件项目的经验和教训

本任务主要针对初级和中级的软件开发人员，启发他们在软件开发中总结适合自己的一些经验，以最短时间接触到软件开发中的设计和成本控制的核心思想。希望读者努力寻求总结一套适合自己的软件开发体系。

9.1.1　软件项目的经验

在软件开发过程中，会遇到形形色色的问题，但是没有失败就不会有成功，关键是我们如何来看待，在做完每一个项目之后都要对这次的工作做一次总结，写出一份软件项目开发文档。对于本书中用到的学生信息管理系统来说，在开发过程中也遇到了很多的困难，并积累了不少经验，现在就和大家一起来分享一下。总体上来看，笔者认为关乎软件开发成败的两个大的方面是：软件开发模型及软件测试。下面就主要从这两个方面谈一下软件项目开发的经验。

1. 软件开发模型

每一种模型都有自己的适应环境及特点，在软件开发过程中不可乱用模型。

首先，软件的开发需要选用合适的软件开发模型。下面就以瀑布模型为例说明软件开发模型运用在实际软件开发中的重要性。

进行需求调研，反复地编写、更改需求文档、概要设计文档，然后再确定编码，这种开发模型即是"瀑布开发"。学生信息管理系统就可以采用这种模型，因为它的需求相对比较明确。但是对于需求不明确且经常变化的项目而言，这种模型的缺点显露无遗，如下所述：

（1）客户一开始并不知道他们需要的是什么，而是在整个项目进程中通过双向交互不断明确的；而瀑布模型是强调捕获需求和设计的，所以在这种情况下，现实世界的反复无常就显得瀑布模型有些不切实际。

（2）即使给定了客户需求，根据这些需求在一定的精确性范围内（瀑布模型所建议的）估算时间和成本是非常困难的。

（3）瀑布模型假定设计可以被转换为真实的产品，这往往导致开发者在工作时陷入困境,通常看上去合理可行的设计方案在现实中往往代价昂贵或者异常艰难,从而需要重新设计,这样就破坏了传统瀑布模型中清晰的阶段界限。

(4) 瀑布模型暗示了清晰的分工,将参与开发的人员分为"设计师""程序员"和"测试员",但是在实际开发过程中,这样的分工对于软件开发者而言既不现实也没有效率。

一般而言,软件开发项目的任务提出者并不清楚自己的需求是什么,或者用户的需求随着系统的实现逐渐改变。所以在项目开始前,首先应该分析项目的性质特征,认真选择一种适合该项目开发的软件开发模型,否则将会导致整个项目的失败。当然,软件开发的模型比较多,这里只是举例来说明。

目前流行的软件开发模型都包含有迭代的特点,尽早地构建功能原型,并将详细设计、功能实现和测试阶段划分到不同的迭代中,比较有代表性的有 IBM 的 RUP(rational unified process),当然如果项目不是很大,也可以采用非迭代的原型开发模型以快速明确用户的需求,如快速原型法。

2. 软件测试

软件开发过程中,测试与开发流程正在趋于融合。如测试活动的早期阶段,让测试人员参与用户需求的验证,并参加功能设计和实施设计的审核。再比如测试人员与开发人员可以密切合作,随着开发工作的进展而逐步实施单元测试、模块功能测试和系统整合测试。具体地说,这种融合就是整个软件开发活动对测试的依赖性。习惯上一般认为只有软件的质量控制依赖于测试,但是现代软件开发的实践证明,不仅软件的质量控制依赖于测试,开发本身离开测试也将无法推进,项目管理离开了测试也从根本上失去了依据。以下是软件测试的原则:

① 应把"尽早和不断地进行软件测试"作为软件开发者的座右铭,实践证明单元测试能够尽早发现问题,减少后期测试的错误量。

② 测试用例应由测试输入数据、测试执行步骤和与之对应的预期输出结果三部分组成。

③ 应当避免由程序员检查自己的程序。(指后期系统测试阶段,不包括单元测试)

④ 测试用例的设计要确保能覆盖所有可能的路径。在设计测试用例时,应当包括合理的输入条件和不合理的输入条件。不合理的输入条件是指异常的、临界的、可能引起问题的输入条件。

⑤ 充分注意测试中的群集现象。经验表明,测试后程序残存的错误数目与该程序中已发现的错误数目或检错率成正比,应该对错误群集的程序段进行重点测试。

⑥ 严格执行测试计划,排除测试的随意性。测试计划应包括:所测软件的功能,输入和输出,测试内容,各项测试的进度安排,资源要求,测试资料,测试工具,测试用例的选择,测试的控制方法和过程,系统的配置方式,跟踪规则,调试规则,评价标准以及回归测试的规定等。

⑦ 应当对每一个测试结果做全面的检查。

⑧ 妥善保存测试计划、测试用例、出错统计和最终分析报告,为软件维护提供方便。

在测试中要注意的几个问题如下:充分重视测试;加入更多的测试人员到项目的测试中去,而不是一个人从开始进行测试并一直持续到最后;加入有测试经验或者项目开发经验的人员进入项目的测试中,而不是一般的做法:如果不会编程,那就去测试。

9.1.2　软件开发的教训及建议

在每一个软件项目开发过程中,软件开发者都会学到不少东西,也会有不少失败的教训。下面就谈一下我们在开发学生信息管理系统过程中所总结的一些教训,以备大家在以后的开发过程中少走弯路。

1. 在软件开发过程中的教训

在确定了软件开发的模型和软件测试这两个重要的工作之后,在软件开发过程中一些小的细节也不容忽视。首先来解决两个问题。

第一个问题是:什么叫作编程? 有人说:"编程讲究的是一个整体的平衡性。""平衡性"是软件中很重要的部分,从平衡性的角度去考虑编程,就会抑制程序员用最新的技术、最新的系统等。因为从平衡性的角度考虑,只要软件有一个瓶颈出现,程序就会失败。那么首先要考虑的是怎么消除程序中可能存在的一些瓶颈,在这个基础上才有权利去考虑提高程序的性能最新的技术、最好的系统。如果代码编写得质量不高,等于什么都没有做,因为程序有性能瓶颈存在。

第二个问题是:怎么编程? 很多人看到这个问题一定会想:"这个地球人都知道——编码。"这里说的怎么编程不是说怎么写详细的代码,而是程序最终是怎么完成的。但实际上编写代码可能在程序的生产过程中是占用时间相对比较少的一部分工作。

通常编程包含以下几个部分:

(1) 市场潜力分析。分析我们要写的程序有没有价值,市场份额是不是很大。

(2) 技术可行性分析。依据自己的技术实力,看在给定的时间内能否实现需求说明中的功能。

(3) 同类产品竞争性分析。看看同类产品的优缺点,如果同类产品性价比较高,现在的开发工作就是在做无用功,这种重复性的劳动是一种浪费。

(4) 软件设计。写出详细的软件流程、数据流程、主要算法、软件架构等(这是软件工程的主要内容)。

(5) 编写代码。模块功能的代码实现。用一种语言实现上面的功能,在编写代码时,要注意书写文档说明。要记住:代码是给人看的,而不是给机器运行的,计算机在执行程序时是不怕累的,而人在看代码时是非常累的,良好的编码习惯,至少保证能够随时看懂几个月前甚至几年前自己所写的代码,尽量让代码能够很容易地被别人理解。在调试程序时要有耐心,编写代码其实就是调试和改错。一个好的程序运行时没有瑕疵、没有 bug,到底是什么内在的因素在起作用呢? 其实这并不神秘,只需要偶尔用点心思提醒自己,无论是使用C/C++、C♯、Java、Basic、Perl、COBOL、ASM 等任何一种语言进行编码时,所有好的编码无不显示出同样的特点:简洁、易读、模块化、分层设计、效率高、优雅和明晰。

(6) 软件测试和改错。测试的目的是为了发现尽可能多的缺陷,并期望通过改错来消灭缺陷,以期提高软件的质量。

(7) 交付用户使用。

(8) 维护与再生工程。很多软件产品不是一次性的买卖。比如在电信、金融等领域,有些软件系统要用十几年,对软件进行维护是必不可少的,还要根据用户的要求再生新的功能。这些事,有的是市场的事,有的是软件构架师、系统分析员的事,还有的是编程的事。但是在我国这样的软件环境下,存在很多小的软件公司,公司负责人基本上是事必躬亲。就拿本书中的学生信息管理系统来说,这样的软件几乎几个甚至一个程序员就可以编写,也就是说所有的工作可能都要一个人去做,"麻雀虽小,五脏俱全",那么软件开发人员应该怎么做呢?

(1) 要好好想想自己要写的学生信息管理系统有没有前途,也就是说社会上认不认可,通俗一点就是有没有销路,尤其对于通用软件来说。但是对于定制软件,这一点可能不是很重要(这一点正式工作者需要,学习软件者不需要),也就是上面所提到的市场潜力分析。

(2) 决定要写这个软件,对应地进行技术可行性分析。

(3) 需求分析,到学校有关部门调研,了解基本需求;查找几个与学生信息管理系统相似的软件,分析它们的优缺点,可以学习它们的优点,去掉缺点,也就是进行同类产品的竞争分析。

(4) 根据前面分析的结果,大致列出学生信息管理系统应该具有的功能表。

(5) 写出 1.0 版的基本功能表、菜单功能表。

(6) 选择编程语言。

(7) 上网找类似的源代码、算法、RFC 标准文档,好好研究一番。

(8) 根据选定的语言、算法、标准文档,写出学生信息管理系统的详细设计文档。

(9) 按照设计文档编写代码。

(10) 测试软件并进行加密,防止别人破解、破坏及攻击系统。

(11) 交给用户使用。

(12) 在实际使用过程中不断进行软件维护与改进,有时用户会提出一些新功能,软件开发者就要不断地完善与改进。

综上所述,学生信息管理系统的开发流程总结如下。

- 第一步:设计步骤(需求分析或者系统需求)。
- 第二步:根据上面的"系统需求"或是"需求分析",设计表结构,包括表间关系。
- 第三步:根据已设计好的"数据库"表结构,设计系统的功能菜单。
- 第四步:系统流程。
- 第五步:进入系统的详细设计阶段。
- 第六步:系统界面布局的详细设计。
- 第七步:根据"详细设计要求"进入"编码阶段"。
- 第八步:对系统进行相应的测试。
- 第九步:测试完成后交给用户使用。
- 第十步:用户在使用过程中如果发现问题,继续修改再生程序。

由于编码跟所使用的开发工具有关,这里主要讲软件的开发思路。

2. 参考资料的查找、收集、分类、应用

应用软件中的代码是千变万化的,在开始一个新的项目之前,完全可以找一个类似功能的代码来看看。这样可以更好地改进程序,有时还可以加快进度。当新的技术出来时,要看看相关的文档,虽然不能完全了解它的功能,但是至少要知道新的技术能用在什么地方、怎么用、如何能更好地发挥它的作用。编写软件不是全部的代码都是自己写的,有很多的功能是一种标准,也许可以使用标准算法,比如图形、图像识别、多媒体、加密解密的算法,所以要知道从哪里可以找到需要的资料。

1）查找资料

（1）在书籍、报纸、杂志、笔记中查找。

（2）在网站中查找，例如下面这些网址大家可以参考。

① 源代码和技术资料站点

http://www.csdn.net（中国软件网）

http://www.vchelp.net（Visual C++/MFC 开发指南）

http://www.vckbase.com（VC 知识库）

http://www.vchome.net（阿蒙编程之家）

http://www.testage.net（测试时代）

http://www.51cmm.com（软件工程专家网）

http://www.51icon.net（图标资源下载）

② 图像处理的网站

http://www.image2003.com（数字图像网）

http://www.pris.edu.cn（北邮模式识别与智能系统网站）

http://www.chinaai.org（中国人工智能网）

③ 其他

http://www.pediy.com（看雪学院）

http://www.chinaunix.net（UNIX）

http://www.linuxeden.com（Linux）

http://www.zdnet.com.cn（CNET 中国旗舰网站）

（3）找老师、同学、朋友、网友帮忙解决。

2）个人收集资料

（1）用笔记本抄录或剪切下来。

（2）利用计算机或磁盘保存。

3）资料分类

资料可划分为以下类别：办公软件应用技巧、操作系统应用技巧、计算机故障排除方法、黑客技术、加密/解密技术、计算机病毒技术、ERP（企业资源计划）文档、MRP（物料需求计划）文档、解决方案、网站开发相关、编程技巧、Delphi（或 VB、VC、Java、ASP）相关的资料、软件参考界面、参考软件范例、图片、图标等。

（1）用笔记本抄录或剪切时，应分类保存。

（2）用计算机或磁盘保存时，也应分类保存。

4）应用

从我们收集到的资料中找出合适的内容，解决在软件开发过程中遇到的实际问题。

3. 建议软件开发者需要掌握的工具

（1）数据库工具

数据库建模工具，例如 PowerDesigner。

数据库分析工具，很多大型的数据库都会自带。

（2）流程图设计

例如 Microsoft Office Visio。

（3）Case 工具

例如 Rose。

（4）代码分析工具及内存检测工具

例如 Bounder Checker(针对 VC、Delphi)、Smart Check(针对 VB)。学生信息管理系统就是用 Delphi 作为前台开发工具。

（5）编辑器

例如 vi(UNIX/Linux 的编辑器)、UEStudio、Ultra Edit。

（6）源代码管理

例如 VSS(Visual Source Safe)、CVS(Concurrent Version System)。

（7）编程工具

例如 VB、VC、JavaBuilder、PowerBuilder。

（8）测试工具

例如 C++ Test、Load Runner、Win Runner。

（9）安装打包工具

例如 Install Shield、Wise Install Master。

（10）熟悉开发工具的快捷方式(主要是快捷键)

① 操作系统本身具有的快捷键如下。

复制(Copy)：Ctrl+C。

剪切(Cut)：Ctrl+X。

粘贴(Paste)：Ctrl+V。

删除(Delete)：Del。

撤销(UnDo)：Ctrl+Z。

② 开发工具本身的快捷键：基本上很多开发工具都具有上述的快捷键,另外还有一些其他的快捷键,这个要看具体的开发工具由什么来确定(如 C 语言中的 Ctrl+F9 快捷键用于程序的编译及运行、Alt+F5 快捷键用于查看用户屏幕)。

4. 建议软件开发者需要掌握的知识

因为每一个人的发展方向不一样,所以大部分人的知识结构都不一样。像一些基本的计算机基础知识大家都知道。每个人都有自己的爱好,有的人做系统开发,有的人做驱动开发,有的人做编译器开发,有的人做图像处理与识别开发等,但是有几点应该是一样的。

（1）英语能力

主要的新技术、文档资料都是用英语来首次发布的。如果要学到更好更新的知识和技巧,不懂点英语是不行的,也不要指望有人给我们翻译出来。一般来说,这些资料,看得懂的人不需要翻译,看不懂的人没有办法翻译,所以大部分的资料还是英语原文的。当然也有很多的人在翻译这些文章,但是对于非常多的资料来说,翻译过来的只是很小的一部分。

（2）设计能力

虽然一般来说,大公司有软件架构师做应用系统技术的体系构架,系统分析员做设计,但是 70%~80% 的小公司可能会使一个人担任多个角色。知道一点软件工程的知识,知道一些文档设计工具怎么用,或者知道应该有哪些设计文档是很有好处的。

（3）语文写作能力

编程时程序员大部分时间都是在写代码,但是代码的注释、各种文档的编写、测试报告、说明文档、使用手册等都需要有较好的文字功底,还有,当用 E-mail、BBS、QQ、MSN 这些工具与人交流的时候,如果话都说不清楚,交流就更谈不上了。

（4）学习能力

没有几个人是全部学会了再去工作的,这不太现实,目前社会环境也没有条件这样做。边工作边学习是很常见的,也许很多人是在工作之中才学会做某些事情的,很多技能也是这样学会的。此外,很多新项目的到来、新技术的到来都要求我们能适应新的工作环境和新的工作要求。如果没有好的学习能力,是很容易把一个项目浪费掉的。

5. 软件开发者要确定位置和目标

随着信息技术的高速发展,软件技术越来越多,越来越先进。如果什么都想知道,那一辈子也学不完。作为一名软件人员也好,初学者也好,知道自己要往哪个方向走是很重要的,不然很容易迷失在软件技术的迷宫里,最后只好转行。其实软件技术就像一个很大的蛋糕,一些高级研究人员、博士发明一种新技术,把蛋糕做大,而我们只要把一门技术学好、学精,就可以分到蛋糕了。

一般来说,作为一名软件开发人员,具备一到两门程序语言的开发能力就可以了。另外除非是想做软件技术的研发(这些工作最有前途,也最受欢迎,像软件构架师),如果只是进行一般的应用程序编写,不用太关注今天出来什么新的技术,明天又出来什么新的技术。这些东西只要知道有这么回事就可以了,以后有用到的地方再去认真地关注。

建议坚持知识面最大化、专业深入化。对于一般的 IT 技术都应该知道,把知识面拓宽,然后根据自己的兴趣找一个突破口,认真学好这方面的技术,力争成为这方面的专家。像有的人精通系统开发,有的人精通数据库,有的人精通图像处理,有的人精通网络编程等。我们可以找一个自己感兴趣的切入点好好研究,从而精通计算机的某个领域。

任务 9.2 软件项目存在的问题

软件项目的开发是一项复杂的系统工程,牵涉到各方面的因素。实际工作中,经常会出现各种各样的问题,甚至面临失败,然而如何总结、分析失败的原因,得出有益的教训,是在今后的项目中取得成功的关键。软件开发的问题是由多方面原因造成的,有市场的原因,有公司管理水平的原因,也有技术的原因。

9.2.1 软件项目自身的问题

首先来看看软件开发过程中的两个典型场景。这些场景在每个项目中都有可能会遇到,它们比较客观地反映了国内很多软件公司项目开发过程的实际情况。

场景一:一个项目组刚刚接了一个比较大的项目,项目的需求很明确,客户对功能的细节也不是很挑剔,只是对性能要求比较高,整个系统要能承受非常大的用户量,对系统的响应速度要求也很高,项目经理感觉这个项目没有什么大问题,一切都按照计划进行,可是最终部署到用户的服务器上时,整个程序的效率很低,由于公司在这方面没有什么技术积累,虽然以后修改了多次,性能仍然达不到要求。

场景二:某个大型电子政务系统年底需要生成大量的报表,可是报表系统突然出现了故障而无法使用,这个报表系统是由一个有经验的资深程序员编写的,可是此时他已经离开了这家公司,也没留下什么文档,别的开发人员根本无法维护这个报表系统,由于时间紧迫,项目经理只好决定让开发人员手工编写了所有报表,从而浪费了大量的人力物力。

前面的场景显示了国内一些软件公司存在着规模小、技术力量薄弱、管理薄弱、设计人员缺乏等问题,除此以外,还有以下一些问题严重的问题制约着软件行业的快速发展。

（1）产品开发技术路线的选择比较随意,很难适应未来产品发展的需要。

（2）产品和项目界限不分明,通用性、定制性比较差。

（3）产品缺乏良好的结构设计,代码难以维护。

（4）需求内容不明确,把握不充分。

（5）产品的质量很难保证,很多软件产品是从一个项目过渡来的。

（6）产品对安全性、性能、部署环境往往考虑不够。

（7）项目工作没有量化。

其中第（4）条非常重要,这是我们经常遇到的问题。一方面,由于客户(需求方)的 IT知识缺乏,一开始自己也不知道要开发什么样的系统,或者无法系统地整理出来,经常是走一步算一步,不断地提出和更改需求,使得功能实现方叫苦连天。另一方面,功能实现方由于行业知识的缺乏和设计人员水平的低下,不能完全理解客户的需求,而又没有逐条进行严格的确认,经常是以想当然的方法进行系统设计,结果经常会推倒重来。因此,需求分析必须注重双方理解和认识的一致,应逐项逐条地进行确认。

第（7）条也是现在软件行业中存在的一个很大的问题。软件开发经常会出现一些平时不可见的工作量,如人员的培训时间、各个开发阶段的评审时间等,经验不足的项目经理经常会遗漏。软件开发的量化是一项很重要的工作,必须综合开发的阶段、人员的生产率、工作的复杂程度、历史经验等因素,将一些需定性的内容进行量化处理。

9.2.2　软件开发者的问题

在软件开发过程中,由于以下一些开发者的原因可能会导致软件开发的失败。

（1）出于客户和公司上层的压力,在工作周期估算上予以妥协。

（2）设计者过于自信或者担心工作周期估算多了会被嘲笑,对一些技术问题不够重视。

（3）没有把握好项目组织成员数量与其技术素质的关系,过分依赖于自己的经验。每个公司都希望以最少的成本完成项目,人手不足是大多数项目都会面临的问题。其实产品开发对开发人员的要求比较高,人员的流动对开发的进度影响很大。软件项目开发中也经常因为如下问题而导致失败:由于有过去的成功经验,没有具体分析就认为这次项目估计跟以前的项目也差不多,而没有想到这次项目可能规模更大、项目组成员更多、素质各异、新员工很多,而且是一个新的行业。

（4）设计能力不足,很多项目经理和开发人员对设计重视不够,为了赶工期,很多项目的设计过程过于简单,有的甚至根本没有设计过程。

项目组设计人员能力的低下是项目失败的很重要的原因之一。一方面,由于对技术问题的难度未能正确评价,将设计任务交给了与要求水平不相称的人员,造成设计结果无法实现。另一方面,随着资源外包现象的日益普遍,一些公司经常因工期紧而匆忙将中标的项目部分转包给其他协作公司,这些公司的设计能力如不加仔细评价,就会对整个项目造成影响。

(5) 项目经理的管理能力不足,没有及时把握进度,项目经理自己也不知道项目的状态,下属人员报喜不报忧,害怕报告问题后给自己添麻烦。进度管理必须随时收集有关项目管理的数据,开发人员总是担心管理工作会增加自己的工作量,不愿配合。管理人员甚至不知道应该收集哪些数据。或者由于项目经理的失误,在项目估算时没有明确要求技术水平,寄希望于员工自己的努力。

(6) 开发计划不充分。没有良好的开发计划和开发目标,项目的成功就无从谈起。开发计划太粗略,主要反映在以下几个方面:

① 工作分担责任范围不明确,工作分割结构与项目组织结构不明确或者不相对应,各成员之间的接口不明确,导致有一些工作根本无人负责。在很多公司中开发人员没有独立的分工,每个人都负担着一个模块的需求、设计、实现,很多开发人员甚至需要负担一定的美工工作,产品的测试也不是很细致,开发人员负担角色过多的后果就是每部分的工作都很难做得十分到位。

② 每个开发阶段的提交结果定义不明确,中间结果是否已经完成,完成了多少模糊不清,结果是到了项目后期堆积了大量工作。

③ 开发计划没有指定里程碑或检查点,也没有规定设计评审期。

④ 开发计划没有规定进度管理方法和职责,导致无法正常进行进度管理。

(7) 找不到软件工程或者项目管理的方法能够大幅度提高应用软件的开发效率,开发周期长、开发费用高,实施费用超支和工期延长已经司空见惯。更加可怕的是,随着企业环境和需求的不断变化,有的项目"建成即变为闲置",形成软件工程的灾难。

9.2.3　软件开发中需要注意的问题

1. 命名方法要有统一的代码书写规范

(1) 文件名称命名方法,如在文件名前加 F。

(2) 变量的命名方法,如字符变量前加 C。

(3) 表单的命名方法。

(4) 函数名的命名方法,如在函数前加 F。

(5) 控件、窗体的命名方法。

(6) 报表等的命名方法。

2. 设计过程中应考虑到的问题

(1) 优先站在用户使用方便、简捷的角度来考虑,设计越简单越好。设计时多一句话,将来就可能带来无穷无尽的烦恼。

(2) 再考虑程序设计的方便性、维护容易性、设备条件限制性等。

(3) 没有充分系统地做好需求分析就急忙动手编写代码,这样对于开发小程序影响不大,但对于中小型系统影响比较大,如果是大型系统后果就很严重了,也就是说写新代码前要把已知缺陷解决。

（4）在编写代码时都要填写注释，至少应有一两句话。切忌代码编写混乱，并没有相应的注释说明。

（5）尽量利用现有的产品、技术、代码。千万别在什么情况下都自己编码，可以把起点提高很多，或者尽量多用现成的控件，或者尽量用可扩展标记语言 XML(extensible markup language)，而不是自己去编辑一个文本文件；尽量用正则表达式 Reg Exp，而不是自己从头操作字符串，等等，这就是"软件复用"技术的体现。

（6）界面布局混乱。不要过于注重内在品质而忽视了第一眼的外在印象，程序员容易犯这个错误：太看重性能、稳定性、存储效率，但忽视了外在感受，而高层经理、客户正相反，因为他们不懂得程序设计，所以这两方面要兼顾。

3. 需要特别注意的问题

（1）程序员工作时需要安静的环境，这点极其重要。

（2）产品各部分的界面和操作习惯应一致。尤其对于多人开发的系统来说，这点比较重要，要让用户觉得整个系统好像是一个人设计出来的一样。

（3）经常备份（建议每天备份一次）。

（4）及时保存程序（建议三到五分钟保存一次）。

（5）将常用且又常忘记的函数、命令、技巧等收集到一个文件中。

任务 9.3　建议及展望

在开发学生信息管理系统的过程中可能会出现很多的问题，通过前面的两个任务可以了解相关的经验和教训，并分清了软件开发中存在的问题，下面谈一下该项目的希望以及今后的进展。

9.3.1　业务基础软件平台

目前基于业务基础软件平台的开发方式是解决软件项目问题的一个比较好的解决办法。业务基础软件平台是一种技术创新，它使软件平台又多了一个层次，并将应用软件的业务逻辑和开发技术分开，使得应用软件的开发者可以仅仅关注应用软件的业务过程，而不必关注其技术的实现，这使管理与业务人员参与应用软件的开发成为可能。

业务基础软件平台包括集成应用平台、开发体系两个部分。从技术角度分析，业务基础软件平台为复杂应用软件系统的开发提供了一个基本框架，并有与之相应的、方便易用的开发与维护管理工具。这个框架给出了一些复杂应用软件的基本组成部分和实现方法，并且预置了很多供参考的软件模块。有了这样的准备，在业务基础软件平台之上开发管理软件就可以降低复杂性，省去很多基础性的研发工作，从而大大缩短研发周期，提高研发效率。具体来说，业务基础软件平台能满足复杂应用软件系统开发的如下要求：

（1）速度要求。通过业务基础软件平台提供的基本框架，以及预置好的模块，软件提供商能很快地研制出用户所需要的复杂应用软件系统。

（2）灵活性要求。通过业务基础软件平台提供的开发与管理工具，软件提供商能很方便地满足用户个性化的需求，以及用户在发展过程中各种各样变化的需求。

（3）集成性要求。业务基础软件平台为复杂应用软件系统提供了一个集成框架，不仅为集成同一平台上的各种不同软件提供了规则，还为集成其他应用软件系统提供了集成接口。

9.3.2　给软件开发者的建议

（1）明确目标。每天要做什么事情，目标要明确。把一天中最重要的事，最紧急的事进行排列组合，一般有四种情况。首先要做的是最重要且最紧急的事，其次是做紧急不太重要的事，再次是做重要不紧急的事，最后是做不重要不紧急的事。

（2）精通一种编程工具。不要什么东西都想学，结果什么都没掌握好。

（3）按照设计流程做软件开发。加强自我管理，每天进行自我总结，分析自己的错误率及费码率。

（4）形成良好的编程风格。注意养成良好的习惯，代码的缩进编排、变量的命名规则要始终保持一致。大家都知道如何排除代码中错误，却往往忽视了对注释的排错。注释是程序的一个重要组成部分，它可以使代码更容易理解。如果代码已经清楚地表达了相关思想，就不必再加注释了。如果注释和代码不一致，那就更加糟糕了。

（5）强调团队合作精神，多与别人交流。三人行必有我师，也许在一次和别人不经意的谈话中，就可以迸出灵感的火花。平时多上网，看看别人对同一问题的看法，会给自己很大的启发。

（6）不要急于求成，这样往往欲速则不达。

（7）要有丰富的想象力。不要拘泥于固定的思维方式，遇到问题的时候要多想几种解决问题的方案，试试别人从没想过的方法。丰富的想象力建立在丰富知识的基础上，除计算机以外，多涉猎其他的学科，比如天文、物理、数学等。

（8）不要做浮躁的程序员。不要看到书中或者别人给的答案就马上去关注代码，应该想想为什么。当自己想出来再参考别人的提示，就知道自己和别人思路的差异。看帮助文档时，不要因为是较难懂的英文而自己是初学者就不看；随机帮助永远是最好的参考手册，像 MSDN（Microsoft developer network）里就有很好的帮助文档。把时髦的技术挂在嘴边，还不如把过时的技术记在心里。还是希望大家能多利用网络，很多问题不是非要到论坛来问的，首先要学会自己找答案，比如百度就是很好的搜索引擎，只要输入关键字就能找到很多相关资料。

总结一下这次学生信息管理系统项目的开发，尽管走过一些弯路，出现过一些错误，但是总体上来说还是成功的，基本完成了用户的要求，其中还有很多地方值得我们去思考、去改进。

9.3.3　对学生信息管理系统的展望

目前学生信息管理系统已趋近成熟，且逐渐向网络化方向发展，一个完善的学生信息管理系统能够极大地提高学生信息管理的效率，具有检索迅速、查找方便、可靠性高、存储量大、更新快、寿命长、成本低等优点，同时也正在满足不同类型用户的需要。

作为一套技术先进、功能强大的应用平台，一切从学校的实际出发，分别对不同学校、不同管理方式进行广泛调查和深入研究，不同模块针对不同类型学校用户的迫切需要，真正有效地解决校园管理工作中的实际问题，是一个比较通用的信息管理系统，能较好地对学校学生的基本信息和学习情况进行管理。但本系统仍存在不足及需要完善的地方，还需不断扩充升级与改进，现简单列举如下：

（1）允许多种用户进行管理，不同用户有不同的权限，登录时要求输入用户名来限制权限级别。如可将用户区分为教师与学生，教师为管理员身份，可以实现学生成绩的录入、学生奖惩的登记；学生可以通过此系统查询自己的户籍、档案、课程成绩、课堂记录，但是不可以更改这些信息。

（2）不同的管理员可以有不同的权限，允许主操作员 admin 添加用户以及修改其他用户的权限，而普通教师则没有这些权利，只有录入学生成绩、查询学生成绩的权限，而没有更改学生成绩的权利。

（3）学生信息中加入照片的处理。照片文件相对较大，为提高系统速度，可考虑在数据库中采用引用路径的方法实现。照片名字可引用学生的学号来命名，便于以后的查找。

（4）学生信息中院系和籍贯可做成下拉列表式，而不必用户输入，这样省时省力，对操作人员要求也不高。在学生基本资料维护表单中，最理想的做法应该是，当用户输入完学生的年级后，系统自动地选择各个年级的院系，然后根据院系自动地选择专业及班级。同理，籍贯也可以进行这样的智能设计，根据省份选择市，根据市选择所在区。

（5）根据院系和班级代码生成学生的学号。

（6）扩充学生选课功能，能让学生自主选课，并将选课记录存入数据库中，在录入成绩时可根据学生的选课情况决定相应学生选修的科目。

（7）在界面美观方面还要继续下点力气完美。

希望读者可以结合以上方面，重新改进学生信息管理系统。

任务 9.4　实验实训

根据任务 9.3 对本项目的希望，试着自己改进一下学生信息管理系统，并且在开发教师管理系统时融入这些改进。看一下本项目中所提到的一些开发经验对自己有没有帮助，并且尝试自己学习，自主研发，努力寻求总结一套适合自己的软件开发经验。

小　结

本项目主要总结了软件项目的开发经验和教训，指出软件项目存在的问题，并提出对学生信息管理系统的改进意见，希望对读者有所帮助。当然这些方面并不能涵盖软件开发中遇到的所有问题，其中难免有一些不全面的地方，希望读者给予指正和补充。

本项目主要针对初级和中级的软件开发人员，启发他们在软件开发过程中总结一些适合自己的软件开发经验，以最短时间接触到软件开发中的设计和成本控制的核心思想。希望读者努力寻求并总结一套适合自己的软件开发体系。

习　　题

1. 软件开发中需要注意的问题有哪些？

2. 对于教师管理系统实际运行过程中出现的问题尝试进行修改，逐步改进并完善教师管理系统，在教师管理系统中考虑加入教师权限管理的问题。很多问题可以参考任务 9.3 中对学生信息管理系统的展望。

参 考 文 献

[1] 郑人杰,殷人昆,陶永雷.实用软件工程[M].2版.北京:清华大学出版社,1997.

[2] 王选.软件设计方法[M].北京:清华大学出版社,1992.

[3] 钱乐秋,赵文耘,牛军钰.软件工程[M].北京:清华大学出版社,2007.

[4] 杨文龙,姚淑珍,吴云.软件工程[M].北京:电子工业出版社,1997.

[5] James.编程之道[M].郭海,等,译.北京:清华大学出版社,1999.

[6] 林锐,蔡文立.微机科学可视化系统设计[M].西安:西安电子科技大学出版社,1996.

[7] Clifford,Shaffer.数据结构与算法分析[M].张铭,刘晓丹,译.北京:电子工业出版社,1999.

[8] Cooper.软件创新之路[M].刘瑞挺,等,译.北京:电子工业出版社,2001.

[9] 李罡.Visual Basic 6.0中文版编程基础与范例[M].北京:电子工业出版社,2006.

[10] 朱三元,钱乐秋,宿为民.软件工程技术概论[M].北京:科学出版社,2002.

[11] 齐治昌,等.软件工程[M].北京:高等教育出版社,2001.

[12] 周之英.现代软件工程[M].北京:科学出版社,2000.

[13] 徐家福,吕建.软件语言及其实现[M].北京:科学出版社,2000.

[14] 郝克刚.软件设计研究[M].西安:西北大学出版社,1992.

[15] 张海藩,孟庆昌.计算机第四代语言[M].北京:电子工业出版社,1996.

[16] 黄锡滋.软件可靠性、安全性与质量保证[M].北京:电子工业出版社,2002.

[17] 中国标准出版社第四编辑室.计算机软件工程规范国家标准汇编[M].北京:中国标准出版社,1992.

[18] 格拉斯.软件开发的滑铁卢——重大失控项目的经验与教训[M].陈河南,等,译.北京:电子工业出版社,2006.

[19] 杨一平.现代软件工程技术与CMM的融合[M].北京:人民邮电出版社,2002.

[20] Jones.软件工程最佳实践[M].吴舜贤,杨传辉,韩生,译.北京:机械工业出版社,2014.